ガイダンス

無料 YouTube

1級施工管理技術検定試験の第一次検定試験における「基礎能力」と第二次検定試験における「管理知識」とは、いずれも五肢二択や五肢一択（予測）などマークシートを用いるもので、その内容は技術的に区分することは困難である。新分野の第一次検定試験と第二次検定試験ともに似た内容と考えられる。全体的な構成（予測）は次のようである。

「監理技士補」のための試験

第一次検定	知識問題（四肢一択）	**新能力問題（五肢二択）**
	専門・施工管理・法規	**基礎能力**

「監理技士」のための試験

第二次検定	**新知識問題（五肢一択）**	実地問題（記述式）
	管理知識	施工管理応用能力

本テキストは、第一次検定の「基礎能力」と第二次検定の「管理知識」の技術的な施工管理のポイントを集約して一括表記したものと具体的な五肢問題等を演習問題で学習できるようにしたものである。

特に重要な点は、第一次検定試験において「基礎能力」において**50%以上の得点**を取得しなければ、その時点で不合格になることが新聞で報道されている。明確な合格基準は明示されていないが、まず第一次検定の「基礎能力」問題五肢二択で50%以上の正解となるよう努力する必要がある。

GET教育工学研究所では、過去の施工管理の問題を分析し、具体的演習問題を通じて自学自習できるように工夫しました。

GET研究所

新分野　テキスト学習項目案内

無料 YouTube

テキスト	建築	土木	電気工事	管工事	電気通信工事
第１章	仮設計画 一括要約 問題・解説	土工 一括要約 問題・解説	品質管理 一括要約 問題・解説	第Ⅰ編　要約 施工要領図 空調要約 給排水要約 ネットワーク 第Ⅱ編 問題･解説	計画 一括要約 問題・解説
第２章	解体工事 一括要約 問題・解説	コンクリート工 一括要約 問題・解説	安全管理 一括要約 問題・解説		安全管理 一括要約 問題・解説
第３章	仕上げ工事 一括要約 問題・解説	品質管理 一括要約 問題・解説	工程管理 一括要約 問題・解説	施工要領図 空調 給排水 ネットワーク 第Ⅲ編　資料 （動画解説なし）	工程管理 一括要約 問題・解説
第４章	工程管理 ネットワーク 問題・解説	安全管理 一括要約 問題・解説	電気工事用語 一括要約 問題・解説		電気通信工事用語 一括要約 問題・解説
第５章		施工計画 一括要約 問題・解説			
合格基準 新分野	◉ 60％以上	◉ 60％以上	◉ 50％以上	◉ 50％以上	◉ 40％以上
全体	60％以上	60％以上	60％以上	60％以上	60％以上

無料　動画サービス期間　令和４年３月末日（予定）

目　次

無料 YouTube 動画講習 受講手順

http://www.get-ken.jp/

GET研究所 検索

← スマホ版無料動画コーナー QRコード

URL　https://get-supertext.com/

（注意）スマートフォンでの長時間聴講は、Wi-Fi 環境が整ったエリアで行いましょう。

http://www.get-ken.jp/

GET研究所 検索

①

get研究所

すべて　動画　ニュース　地図　画像　もっと見る　設定　ツール

約 63,100,000 件（0.27 秒）

GET 研究所-舗装・土木・建築・電気・管工事の施工管理技士資格

www.get-ken.jp/

効果的な新学習法 動画で学ぶ本! GET 研究所の舗装・土木・建築・電気・管工事の施工管理技士資格のスーパーテキストシリーズは、最新問題演習と無料動画講習をセットにした画期的な学習法により、最短の学習時間で最大の学習効果を得ることができ ...

クリック

GET 研究所-舗装・土木・建築 ....　GETMENU動画 | 舗装・土木 ....

電気工事施工管理　GETサービスメニュー

資料ダウンロード　舗装・土木・建築・電気・管工事..

②

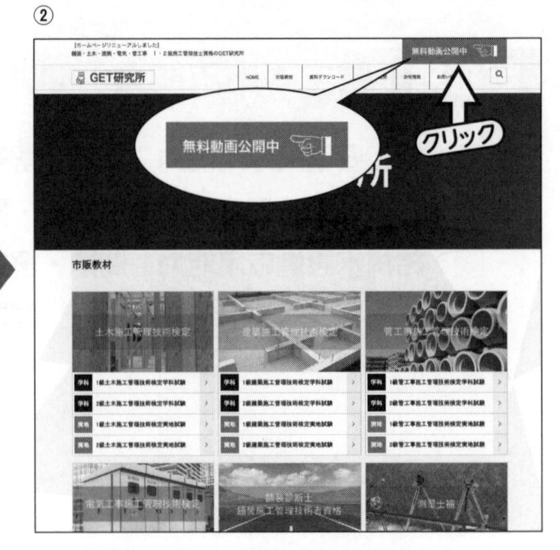

動画と本テキストの内容に相違がある時は、本テキストが優先します。
動画解説は学び方を学習するもので体系の把握が目的です。

管工事基礎能力・管理知識の要約リスト

1 「施工要領図」要約リスト

2 「空気調和設備」要約リスト

3 「給排水設備」要約リスト

4 「ネットワーク計算」要約リスト

管工事基礎能力・管理知識の要約

管工事基礎能力・管理知識の要約リスト

施工要領図の要約

A1	空気調和設備要約（空調機）
1	**冷温水コイル回り** ①冷温水はコイル下から入り上に抜けるため下の往き管から上の返り管に流れる。 ②往き管の流量を一定にする三方弁又は二方弁(インバータ)を設ける。 ③上部に空気き弁を設ける。
2	**リバースリターンとダイレクリターン方式** ①リバースリターン方式は大型空調に用い、各室均等で流量バランス良好。配管長は長くなる欠点がある。 ②ダイレクリターン方式は、流量バランスが悪く、遠方の部屋にエネルギーが届かないことがある。
3	**冷温水管保温材料** ①ロックウール、グラスウール、ポリスチレン保温筒がある。 ②保温筒の継目は相互に千鳥とする。 ③ポリエチレンフィルムは結露防止。ポリエチレンフィルム 1/2 重ね巻き、下から上へ巻き上げる。

A2	空気調和設備（送風機）
4	**送風機制御** ①風量調節：ダンパ調節 ②風圧調節：モータ回転数調整
5	**ダンパ配置** ①消音エルボの上流側に、ダンパを取り付ける。
6	**送風機天井吊り** ①呼び番号 2 未満は 4 本のワイヤーと 4 本の吊りボルトで吊る。 ②呼び番号 2 以上は形鋼かご型架台
7	**防火区画貫通ダンパ** ①鋼板の厚さ 1.5mm 以上、4 本吊り ②ヒーズ 280℃、点検口 1 辺 45cm 以上 ③貫通部不燃材で詰める。
8	**便所系換気ダクト** ①最上階壁、屋上階床に防火ダンパ ②その他各階壁に防煙ダンパ
9	**熱による配管の伸縮継手** ①単式・複式伸縮管スリーブ継手 ②伸縮管ベローズ継手

B1	基礎据付け
1	**基礎** ①基礎コンクリートは 10 日間養生 ②ボルトは床鉄筋に緊結 ③アンカーボルトは 3 山以上突出し

B2	機器据付け
2	**架台** ①耐震ストッパにゴムパッド ②防振架台にゴムパッド

C1	給水設備要約
1	**給水ポンプ２台並列運転** ①揚程は１台と同じ ②並列運転すると１台当りの吐出量は１台運転時より低下する。
2	揚水ポンプ配管要領 ①ポンプ吐出側から防振継手，逆止弁（CV)、仕切弁の順に配置 ②汚水水中ポンプにも防振継手，逆止弁（CV)、仕切弁の順に配置
3	**給水タンク** ①屋内給水タンク作業空間、上空1000mm以上，下部、側方600mm以上，ダクト配管があるとき上空1000mm以上に受皿を設置 ②吐水口空間、排水口空間で逆流防止 ③タンクと配管の間にフレキシブルジョイント設置し耐震性向上
4	**屋内消火栓給水配管** ①呼び水タンクに逃し配管を設け、締切運転の高温化防止 ②吸込み側に連成計（C)、吐出し側に水圧計（P)、瞬間流量測定に流量計（F）及び試験配管を設置
5	**防火区画貫通配管** ①床上下面に1mを不燃材で被覆 ②認定配管により貫通
6	**給湯設備** ①膨張タンクの膨張管と返り管の接合位置は給水ポンプの上流側とする。 ②膨張タンクは最上階の放熱器より上方1m以上に設置する。

C2	排水設備要約
7	**通気管** ①ループ通気管は、最高あふれ縁よりも150mm以上立ち上げる。 ②ループ通気管は、最上流の器具排水管と排水横枝管の接合部の下流直後より立ち上げる。 ③ループ通気管の取付け勾配は通気立て管に向けて上り勾配とする。 ④通気立て管の最下端と排水立て管との接合は、最下階の排水横枝管の下部とする。
8	**排水横枝管** ①自然重力排水と動力によるポンプ排水とは、各々別系統にして２本の管で排水する。
9	**汚水槽** ①マンホールの直径は60cm以上 ②通気管は直径Φ50mm以上で単独通気管とする。 ③流入口とピットとの距離は離し，勾配をつけて流れをつくり沈殿を防止し、汚水タンクには２台の水中ポンプを設置する。 ④汚水流入部の排水配管の先端にはT字管又はY字管を取り付け防網を張る。

1 「施工要領図」要約リスト

1-1	**①ループ通気管 ②共板フランジ工法 ③屋外排水桝 ④伸縮継手 ⑤ダクト貫通**	
	(1)	ループ通気管は、排水横枝管のうち、**最上流の器具排水管の直後**から立ち上げる。通気立て管は、**最下部の排水横枝管よりも**下から立ち上げる。
	(2)	共板フランジ工法ダクトでは、押え金具の相互間隔を **200mm 以下**とし、ダクト端部から押え金具までの間隔を **150mm 以下**とする。
	(3)	雨水管と汚水管を合流させるときは、**雨水管に水封トラップ**を設ける。
	(4)	単式伸縮管継手は、片側だけを固定支持し、もう一方は**ガイドで支持**する。
	(5)	排気ダクトの防火ダンパは、スラブから**4本の吊りボルトで吊る**。
1-2	**①ポンプ並列運転 ②逃し通気管 ③吹出口シャッター ④冷温水管保温 ⑤屋内消火栓**	
	(1)	2台のポンプを並列運転すると、**吐水量は2倍未満**である。
		「1台あたりのポンプの揚水量＝**揚程曲線と抵抗曲線の交点における水量**÷並列運転しているポンプの台数」である。
	(2)	多くの器具が接続された排水横枝管には、受け持ち器具の数は7個以下となるよう最下流の器具排水管の直後から**逃し通気管**を立ち上げる。
	(3)	ダクト吹出口ボックスのシャッターは、**空気の流れとは逆**に開かせる。
	(4)	グラスウール保温筒には、**ポリエチレンフィルム**を巻き付け防湿する。
	(5)	屋内消火栓設備の加圧送水装置には、**試験配管**を設ける。
1-3	**①排水管 ②送風機特性曲線 ③コイル配管 ④ポンプ配管 ⑤伸縮継手**	
	(1)	汚水槽の通気管は、**別の通気管に接続せず**、単独で開放させる。
		汚物ポンプの排水管は、**自然流下の排水管に接続せず**、別系統で桝に繋げる。
	(2)	送風機の風量を減らす時は、**風量調整ダンパーを絞る**。
		送風機の圧力を下げる時は、**電動機の回転数を減らす**。
	(3)	コイルの**流入配管（CH）は下部**に、**流出配管（CHR）は上部**に接続する。
	(4)	ポンプの排出管の弁は、**逆止弁（CV）➡仕切弁（GV）の順**に設ける。
	(5)	複式伸縮管継手は、**継手本体を固定して**、その両端をガイドで支持する。

1-4	**①アンカーボルト ②ダンパ配置 ③器具排水管 ④配管貫通 ⑤リバースリターン方式**	
	(1)	アンカーボルトの下部は、基礎スラブの**鉄筋に緊結**させる。
	(2)	ダンパ（VD）は、消音エルボの**上流に配置**する。（下流には配置しない）
	(3)	器具排水管と排水横枝管との角度は、**水平から 45 度以内**とする。
	(4)	防火区画を貫通する配管は、鋼管などの床・壁の両面を**不燃材料で 1m 被覆**する。
	(5)	リバースリターン方式の配管は、各機器に対する**管路長が同じ**である（往路と復路の長さが等しい）ため、**流量のバランスが良い**。
1-5	**①トラップ封水 ②エキスパンション ③給水タンク ④吊り送風機 ⑤排気混合チャンバー**	
	(1)	多量の排水が排水立て管を流れると、トラップの**封水が吸い出される**。
		排水立て管の下部が満流になると、上部のトラップの**封水が跳ね出す**。
	(2)	建物エキスパンションジョイント部の配管は、**形鋼**などで**支持**する。
	(3)	給水タンクの真上にある厨房排気ダクトの下には、**受け皿を設ける**。
	(4)	呼び番号が 2 以上の送風機は、**形鋼製の架台**に載せて天井に固定する。
	(5)	排気混合チャンバーには、各系統間に**隔壁とダンパーを設ける**。
1-6	**①便所防煙ダンパー ②屋内消火栓逃がし配管 ③伸縮継手 ④ゴムパッド ⑤通気立て管**	
	(1)	便所系統の換気ダクトには、最上階以外の階に**防煙ダンパー**を取り付ける。
	(2)	逃がし配管は、**呼水タンクの上部**に設ける。その目的は、加圧送水装置の**締切運転時における水温上昇防止**である。
	(3)	単式伸縮管継手は、本体は支持せず固定支持していない側を**ガイドで支持**する。
	(4)	耐震ストッパーと機器架台との接点には、**ゴムパッドを挿入**する。
	(5)	通気立て管は、**最下端の排水横枝管よりも下部**で、排水立て管に接続する。

2 「空気調和設備」要約リスト

2-1	機器（出題内容）		マルチパッケージ形空気調和機（施工上の留意事項）
	(1)	冷媒管の施工	冷媒管の切断は、金鋸盤などで、**管軸に対して直角**に行う。
	(2)	吊り・支持	断熱粘着テープの重ね巻きを、**二層巻き以上**とする。
	(3)	冷媒管の試験	冷媒管の気密試験では、**段階的に加圧**を行う。
	(4)	試運転調整	異常な**騒音・振動がなく**、結露していないことを確認する。
2-2	機器（出題内容）		中央式の空気調和設備（施工上の留意事項）
	(1)	冷凍機の配管	冷凍機と配管は、**防振継手**を用いて接合する。
	(2)	冷温水管の施工	管の熱伸縮に対応するため、直管部に**伸縮管継手**を設ける。
	(3)	吊り・支持	管の熱伸縮に対応するため、**鎖**による吊り支持を行う。
	(4)	冷温水管の勾配	横走り配管は、膨張タンクに向かって**上り勾配**とする。
2-3	機器（出題内容）		厨房排気用長方形ダクト（施工上の留意事項）
	(1)	ダクトの製作	ダクトのコーナー部の継目は、**2箇所以上**とする。
	(2)		ダクトのコーナー部は、**シール材**でシールする。
	(3)	ダクトの施工	横走りダクトの振止め間隔は、**12 m以下**とする。
	(4)		防火区画を貫通するダクトは、空隙に**不燃材を充填**する。
2-4	機器（出題内容）		直焚き吸収冷温水機（施工上の留意事項）
	(1)	機器の据付け	コンクリート基礎の養生日数は、**10日以上**とする。
	(2)		**保守点検用スペース**を確保できる位置に据え付ける。
	(3)	単体試運転調整	冷却水減少時に、**断水保護制御**が機能することを確認する。
	(4)		加湿器と送風機の**インターロック**を確認する。
2-5	機器（出題内容）		マルチパッケージ形空気調和機（施工上の留意事項）
	(1)	冷媒配管の施工	銅管の曲げ半径は、**管径の4倍以上**とする。
	(2)		断熱粘着テープの重ね巻きを、**二層巻き以上**とする。
	(3)		冷媒配管は、**保護プレート**を用いて吊ることができる。
	(4)		保温材の継目位置が、**一直線上に並ばない**よう千鳥にする。
2-6	機器（出題内容）		大型の多翼送風機（施工上の留意事項）
	(1)	機器の据付け	送風機とモーターの軸受位置を調整し、**軸間距離を確保**する。
	(2)		**保守点検用スペース**を確保できる位置に据え付ける。
	(3)		送風機の動力軸が**水平であることを確認**してから固定する。
	(4)		形鋼による架台と基礎との間に、**防振パッド**を設ける。

3 「給排水設備」要約リスト

3-1	機器（出題内容）		汚物用水中モーターポンプ（施工上の留意事項）
	(1)	ポンプの位置	**汚水流入管から離れた**位置に、ポンプを据え付ける。
	(2)	ポンプの据付け	カップリング外周の**段違いや面間の誤差がない**ようにする。
	(3)	吐出し管の施工	吐出し管には、**逆止め弁➡仕切弁**を、この順番で取り付ける。
	(4)	試運転調整	継手の**軸心が一直線かつ水平**であることを確認する。
3-2	機器（出題内容）		中央式の強制循環式給湯設備（施工上の留意事項）
	(1)	貯湯槽の配置	貯湯槽と壁面との水平距離を **450mm** 以上とする。
	(2)	給湯配管の施工	管の熱伸縮に対応するため、直管部に**伸縮管継手**を設ける。
	(3)	吊り・支持	管の熱伸縮に対応するため、**鎖**による吊り支持を行う。
	(4)	給湯配管の勾配	下向き循環方式の場合、給湯管・返湯管を**先下り勾配**とする。
3-3	機器（出題内容）		給水ポンプユニット（審査上の留意事項）
	(1)	製作図の審査	配管の各寸法について、**仕様書と照合**して確認する。
	(2)		ポンプ入口の配管の勾配が、**上向き**であることを確認する。
	(3)		**防振継手➡逆止め弁➡仕切弁**の取付け順序を確認する。
	(4)		ポンプの基礎に、**防振**対策が施されていることを確認する。
3-4	機器（出題内容）		高置タンク方式の給水設備（確認する事項）
	(1)	揚水ポンプの単体試運転調整	ポンプと動力軸が**水平**であることを確認する。
	(2)		ポンプを**手で回して**回転が円滑であることを確認する。
	(3)		ポンプが**正常に発停**することを確認する。
	(4)		**ウォーターハンマー現象**が生じないことを確認する。
3-5	機器（出題内容）		飲料用の高置タンク（施工上の留意事項）
	(1)	機器の据付け	高置タンクの上面から天井面までの距離を **1m以上**とする。
	(2)		高置タンクの下面から床面までの距離を **60cm 以上**とする。
	(3)		高置タンクの**吐水口空間**を確保する。
	(4)		高置タンクの周囲の配管は、**床面から支持**する。
3-6	機器（出題内容）		強制循環式給湯設備（施工上の留意事項）
	(1)	給湯管の施工	給湯配管は、スラブなどの**床面から支持**する。
	(2)		管の熱伸縮に対応するため、直管部に**伸縮管継手**を設ける。
	(3)		管の熱伸縮に対応するため、**鎖**による吊り支持を行う。
	(4)		下向き循環方式の場合、給湯管・返湯管を**先下り勾配**とする。

4 「ネットワーク計算」要約リスト

計算項目		出題内容
4－1	**最早開始時刻**	各イベントの最早開始時刻は、「先行イベントの最早開始時刻＋そのイベントに流入する作業内容の作業日数」の**最大値**である。**資材の調達計画**に利用される。
	最遅完了時刻	各イベントの最遅完了時刻は、「後続イベントの最遅完了時刻－そのイベントから流出する作業内容の作業日数」の**最小値**である。**工程の時間管理**に利用される。
	最遅開始時刻	各作業内容の最遅開始時刻は、「**後続イベントの最遅完了時刻**－その作業内容の作業日数」である。
4－2	**クリティカルパス**	開始イベントから終了イベントまでの**作業日数が最大**となるパスがクリティカルパスで２本以上となることがある。
	フォローアップ	途中で作業日数が増えたときは、各作業の最早開始時刻を再計算し、必要があれば**クリティカルパス上にある作業を短縮**する。その際には、並行作業の短縮についても考慮する。
	工期	**最終イベントの最早開始時刻**が工期となる。
4－3	**作業の遅れへの対応策**	単列作業を**並行作業**に変更し、**作業班**を増やす。
4－4	**タイムスケール表示**	各作業の**相互関係やフロートを明確に**するため、各矢線の長さを**作業日数に合わせて**工期を含めたネットワークをバーチャート（タイムスケール）で表示する。
	フリーフロート	その作業に固有の余裕時間を、**フリーフロート**という。
4－5	**山積み図の作成**	各作業日の**作業員数を把握**するため、開始日と終了日を動かすことができない**クリティカルパスの作業を最下段**に描き、余裕のある作業を重ねて作成する。
	山崩し図の作成	各作業日の**作業員数を均等に**するため、山積み図の各作業（クリティカルパス以外の作業）を許される範囲内で横移動させ山積みをして平均化する。

管工事基礎能力・管理知識　問題解説

第1章 「施工要領図」 問題解説

1-1 ループ通気管、通気立て管の配置の施工要領

通気管には、各個通気管、ループ通気管、伸頂通気管があり、最も高性能の各個通気管に続いてループ通気管が通気性能が高く、トラップ封水の破水を防止できる。

図に示すループ通気管の取り付け方法として①～⑥の番号のうち**不適当なもの**を３つ答えよ。

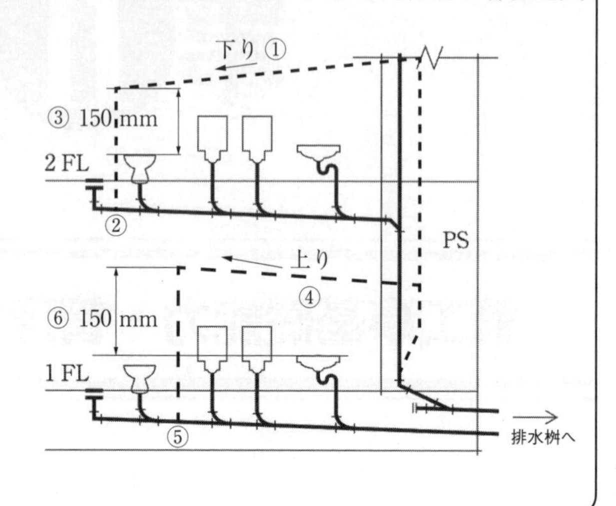

正 解 ②・③・④

ポイント解説

① **正しい**

② **不適当**：ループ通気管は，最上流の排水用具（大便器）の下流側の排水横枝管に接合して，⑤のような位置に取り付ける。

③ **不適当**：ループ通気管は、最も高いあふれ縁を有する排水器具（手洗器）から150mm以上立ち上げる。大便器具は手洗器よりあふれ縁が低いので不適当である。よって⑥が適当である。

④ **不適当**：ループ通気管の湿り気や水分は排水横枝管側に流入させ、ループ通気管の横走り部を乾燥させておくため①のようにループ通気管立ち上げ部に向けて下り勾配とする。

⑤ **正しい**

⑥ **正しい**

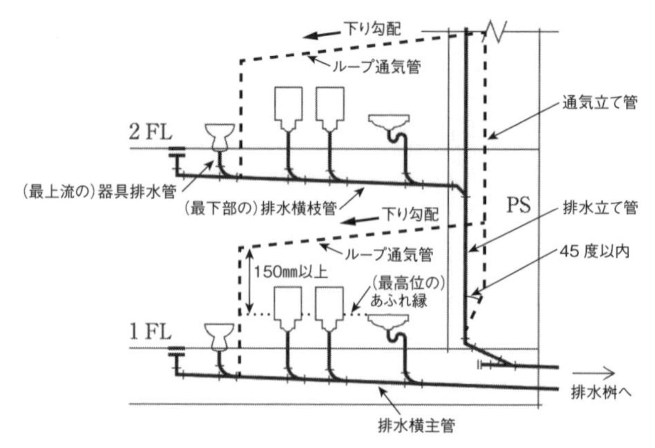

排水系統図（ループ通気管・通気立て管の配置）

1-2 伸縮管継手回りの施工要領図

伸縮管継手は配管が外部や内部から熱を受けた場合、熱による配管の膨張や収縮を吸収して常時配管の位置を確保する目的で用いる。伸縮管継手には継手部を波形に変形して伸縮するベローズ管継手と継手管内で配管を自由に伸縮させるスリーブ伸縮管継手がある。スリーブ伸縮管継手はベローズ管継手より伸縮量が多い。

次の図は単式伸縮管継手を天井に取り付けたもので、伸縮管継手の取付け方として**不適当なもの**は次のうちどれか。

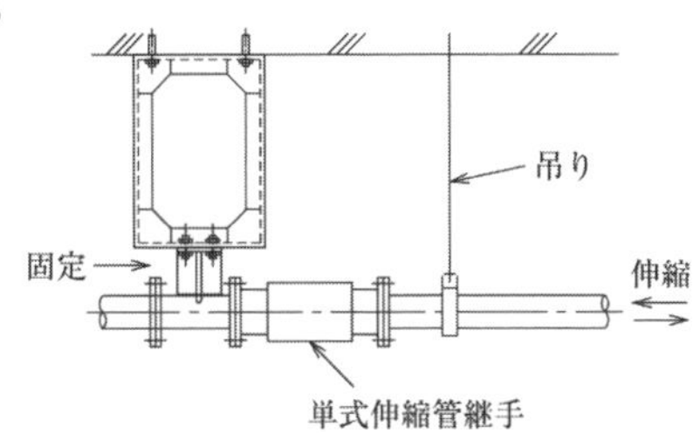

(1) 単式伸縮管継手を天井に固定しない。

(2) 吊りボルトに代えて、形鋼架台でガイド支持（伸縮支持）を設けた。

(3) 伸縮継手は吊りボルトに代えて、形鋼架台で固定支持した。

(4) 形鋼架台で固定された支持を両側をガイド支持（伸縮支持）に代えた。

(5) 改善する必要がない。

正 解 (3)・(4)・(5)

ポイント解説

(1) **適 当**：単式伸縮管継手は固定しないので適当。

(2) **適 当**：ガイド支持は形鋼架台で支持する。

(3) **不適当**：伸縮管継手は固定しない。

(4) **不適当**：単式伸縮管継手は、片方を固定支持し他方はガイド支持する。

(5) **不適当**：吊りボルトによる支持はガイド支持に代える。

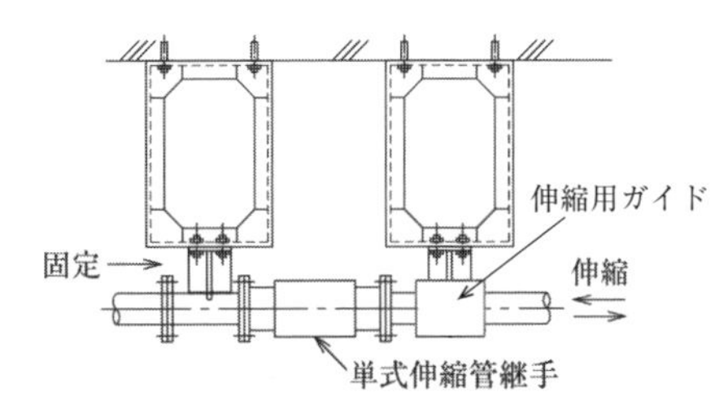

単式伸縮管継手の右側を、直接の吊りボルト支持とはせず、ガイド支持とする。

修正図

1-3 排気ダクト防火区画貫通施工要領図

防火区画の壁や床を貫通する排煙ダクトから火災が延焼しないようにしなければならない。そのため、防火ダンパの支持とダクトの貫通部の延焼防止の方法が建築基準法に定められている。建築基準法上、**不適当なもの**は、次のうちどれか。

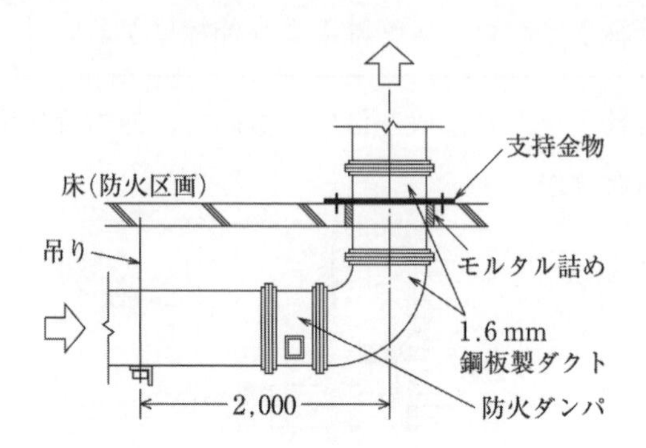

(1) 貫通部のモルタル詰めに代えて、ロックウールを詰めた。

(2) ダクトの鋼板の厚さを 1.5mm とした。

(3) 防火ダンパを 2 本の吊りボルトで支持した。

(4) 防火ダンパ（排煙ダクト）の作動温度を 280℃の温度ヒーズを用いた。

(5) 防火ダンパの保守点検口として、ダンパ直下の天井に一辺 45cm 以上の開口部を設けた。

正 解 (3)

ポイント解説

(1) **適 当**：貫通部の詰めものは、モルタルやロックウールなどの不燃材であればよい。

(2) **適 当**：防火ダンパの鋼板の厚さは1.5mm以上とする（一般には1.6mmの鋼板使用）。

(3) **不適当**：防火ダンパは原則 4 本吊りボルトを用いる。

(4) **適 当**：排煙ダンパ 280℃、厨房排気ダンパ 120℃、空調設備系 72℃とする。

(5) **適 当**

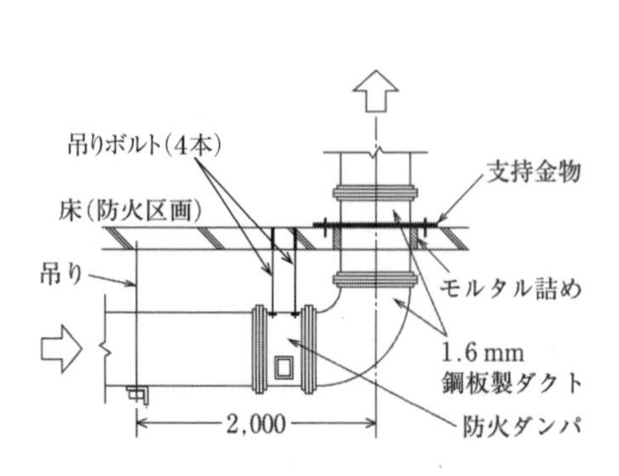

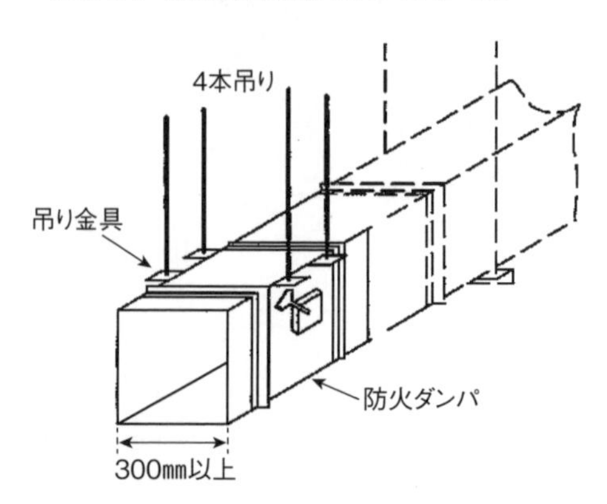

1 - 4　2台のポンプを並列運転した場合の揚程曲線と吐水量

1台のポンプの揚程曲線を示したものである。2台のポンプを並列運転した場合について、次のうち**適当なもの**はどれか。

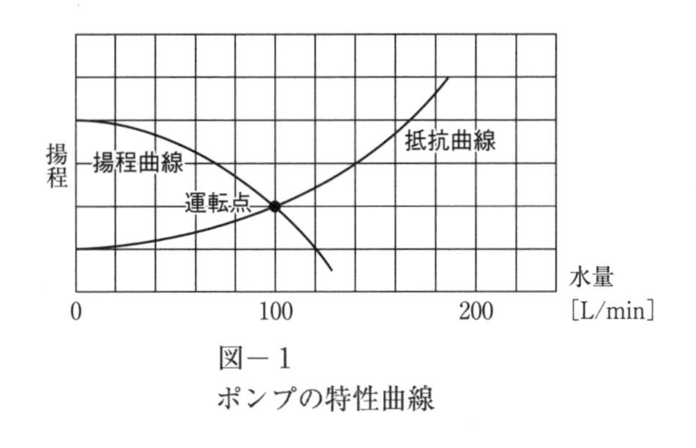

図－1
ポンプの特性曲線

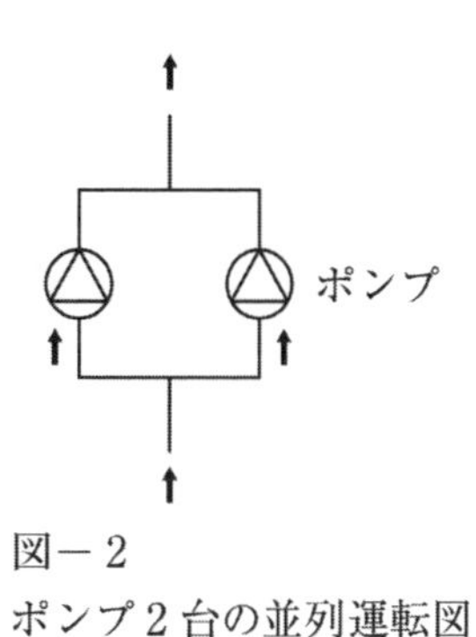

図－2
ポンプ2台の並列運転図

(1) 2台のポンプを並列運転すると揚程は2倍になる。
(2) 2台のポンプを並列運転すると、吐出量は1台の吐出量の2倍となる。
(3) 単独運転1台のポンプの運転状態の吐出量は、2台並列運転した場合の1台分より少ない。
(4) ポンプ2台の運転における運転点における吐出量は140L/minである。

正　解　(4)

ポイント解説

(1) **不適当**：2台のポンプを並列運転するときも1台と揚程と同じである。
(2) **不適当**：2台のポンプを並列運転すると、1台当りの吐出量は減少する。
(3) **不適当**：単独運転1台の運転状態での吐出量は、グラフから100L/minで並列運転の70L/minより多い。
(4) **適　当**：ポンプ2台の運転状態での吐出量は2台の揚程曲線と抵抗曲線との交点から140L/minで、1台当り70L/minである。

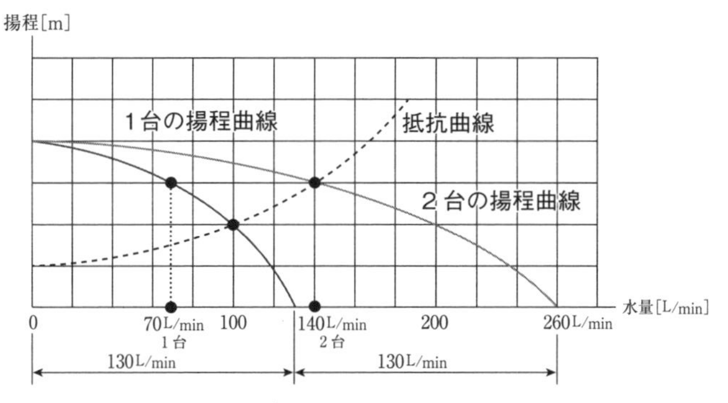

ポンプの特性曲線の詳細図

①-5　洋風便器8個を受け持つ排水横枝管の通気方式

洋風便器8個を受け持つループ通気管と逃し通気管について、**不適当なもの**はどれか。

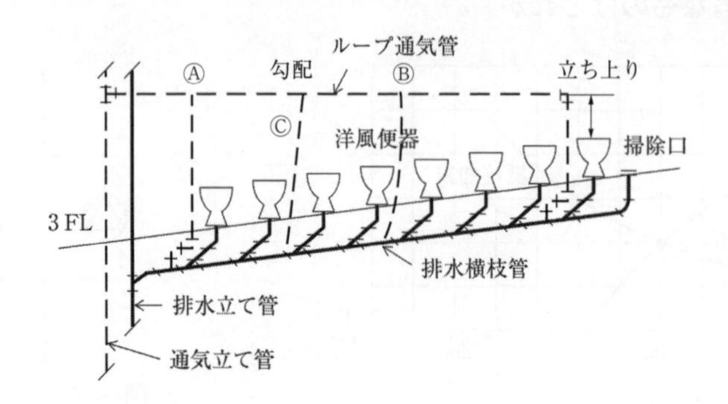

(1) ループ通気管の勾配は排水横枝管に向けて下り勾配とした。

(2) 逃し通気管の取り付け位置はⒶとした。

(3) ループ通気管の立ち上りは、器具の最高位のあふれ縁より150mm以上高くした。

(4) 逃し通気管の取り付け位置はⒷとした。

正　解　(4)

ポイント解説

(1) **適　当**：ループ通気管の横引き管の勾配は通気立て管の接合点から下り勾配とする。

(2) **適　当**：逃し通気立て管の位置は最下流の器具排水管の横枝管接合部の下流直後のⒶとする。

(3) **適　当**：ループ通気管の立上り高さは、最高位の洋便器のあふれ縁より150mm以上とする。

(4) **不適当**：Ⓑ、Ⓒでなく7個以下なのでⒶの位置とする。

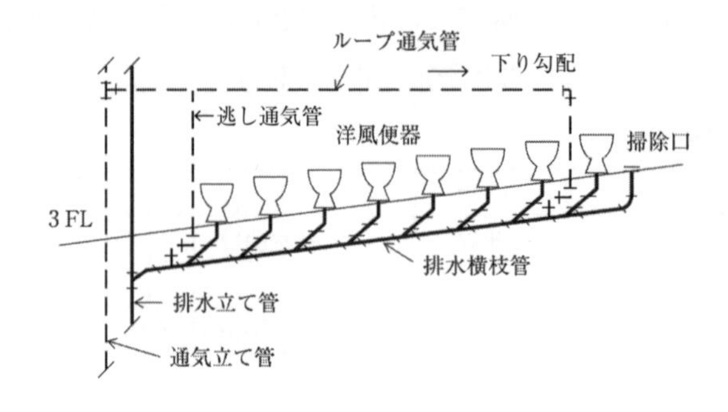

1-6 冷温水管保温施工要領図（天井内隠ぺい）

冷温水管保温材（天井内隠ぺい）の保温材について、次の要領図について、**不適当なもの**は次のうちどれか。

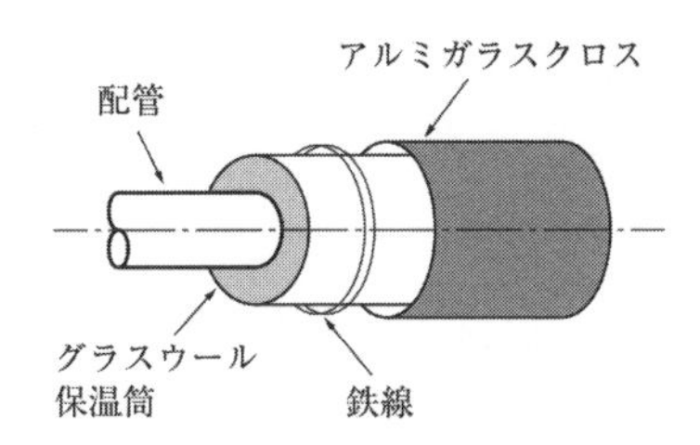

(1) グラスウール保温筒は両端を鉄線で2重巻きとした。

(2) 保温筒の継目は配管上部でそろえて布設した。

(3) 外覆いのアルミガラスクロステープの重ね幅は15mm以上とした。

(4) 結露防止のため保温筒とアルミガラスクロスとの間に、ポリエチレンフィルムを3/4重ね巻きで巻き付けた。

正 解 (2)・(4)

ポイント解説

(1) **適 当**

(2) **不適当**：保温筒の接合面は配管側面で千鳥として布設する。接合面はそろえてはならない。

(3) **適 当**：アルミガラスクロスを留め付けるアルミガラスクロステープの幅は15mm以上とする。

(4) **不適当**：ポリエチレンフィルムは1/2の重ね巻きとし、立ち上り部では下から上に巻き上げる。

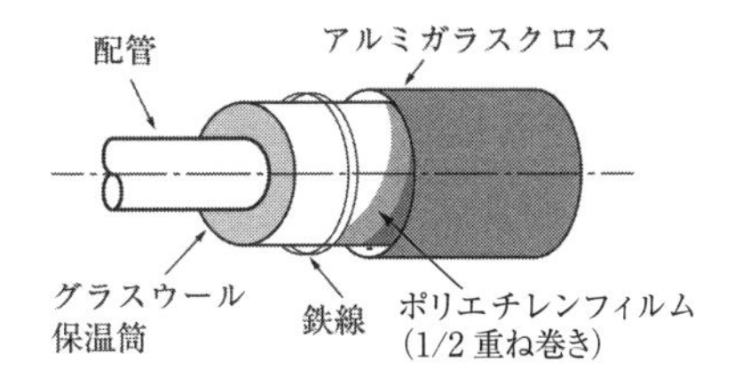

1-7 排水通気設備系統図

図に示す排水通気設備系統図について、①～④の部分の改善策について、**不適当なもの**はどれか。

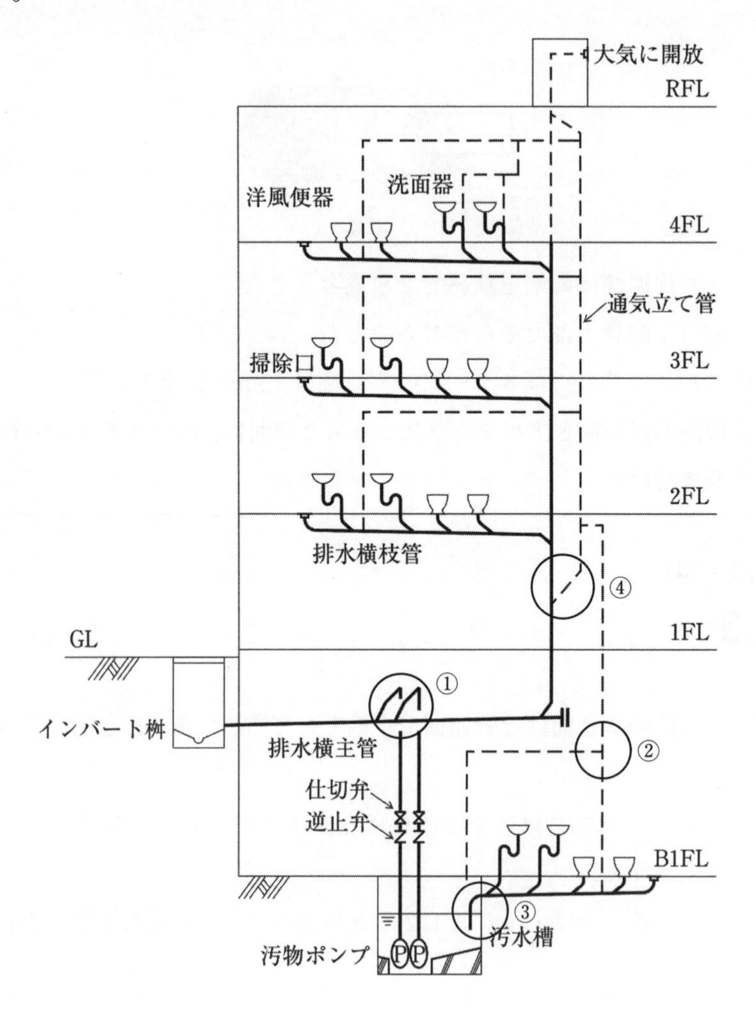

(1) ①の排水横主管は、ポンプで揚水した汚水と建物の汚水とは同一排水管で排水した。

(2) ②の汚水槽に設ける通気管は、通気立て管に接合した。

(3) ③の汚水槽への排水管は、大気に開放されたＴ字管やＹ字管を用いて開放部は網で覆った。

(4) ④の通気立て管と排水立て管の接合部は、最下端の排水横枝管より下部の位置とした。

正 解 (1)・(2)

ポイント解説

(1) **不適当**：汚物ポンプの動力排水管と自然流下排水横主管の2本を並列させてインバート桝まで別系統として排水する。

(2) **不適当**：汚水槽の通気管は単独で立ち上げ大気に直接開放する。

(3) **適 当**：正しい。

(4) **適 当**：正しい。

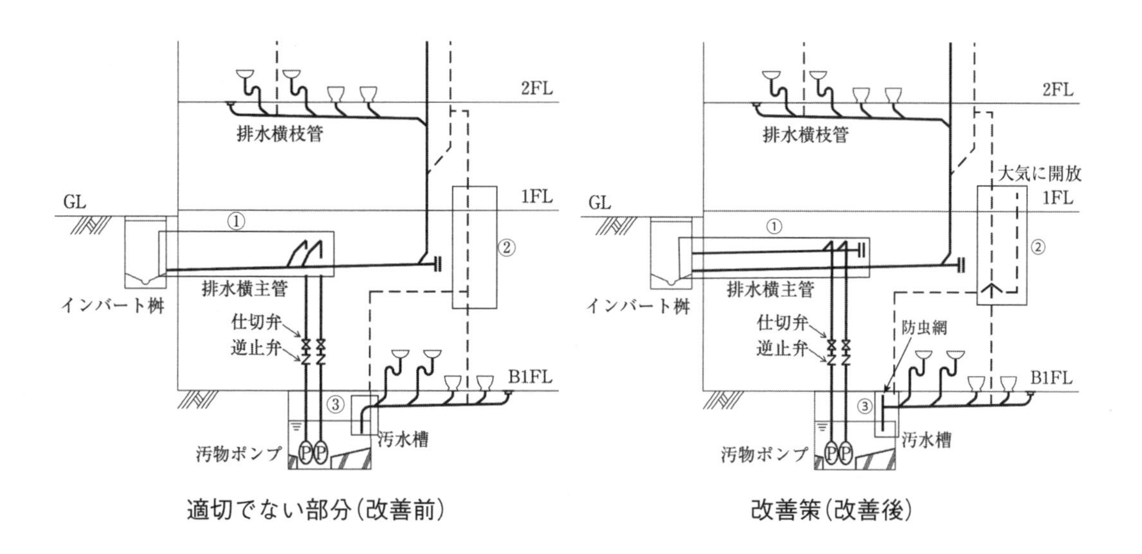

適切でない部分(改善前)　　改善策(改善後)

適切な施工方法(詳細図)

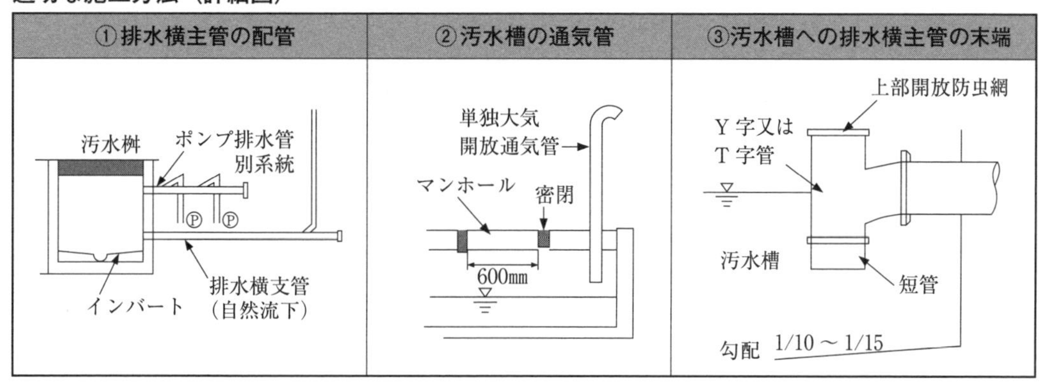

1-8　送風機の制御と調整方法

送風機の運転を制御するには、風量をダンパーにより制御する方法と電動機の回転数をプーリーやサイリスタで制御する２つの方法を用い行う。図に示すような送風機の風量の制御のための特性曲線は縦軸に圧力、横軸に風量とすると、風量はＡ点、圧力はＢであった。設計風量のＣ点、設計圧力Ｃ点に調整するため、風量はＡ→Ｃにダンパを絞り減少させ、圧力はＢ→Ｃに減圧するため送風機の回転数を低下させる。

送風機の調整制御にあたり留意すべき点について、**適当なもの**は次のうちどれか。

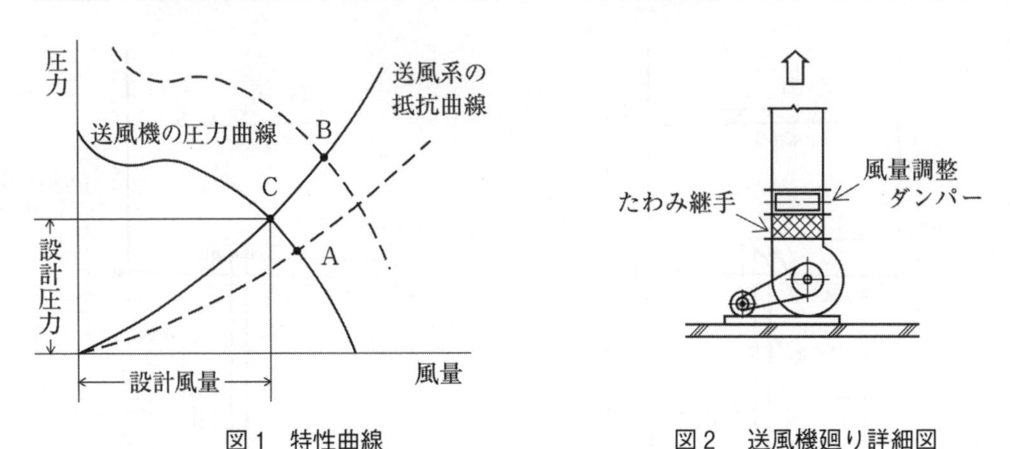

図１　特性曲線　　図２　送風機廻り詳細図

特性曲線及び送風機廻り詳細図

(1) 送風機のプーリーのベルトはしっかり緊張させゆるみのないことを確認した。

(2) 風量Ａを風量Ｃに絞り込むため、ダンパーの調整用のレバーを回転させ送風系の抵抗曲線を減少させるのが一般である。

(3) 圧力Ｂを圧力Ｃに絞り込むため、インバータを用いるのが一般的であるが、設問にはプーリーのベルトがあるので、回転数はプーリーを取り替えて制御した。

(4) 回転速度を低くするため、ポンプ機側のプーリーの半径を大きいものにかけかえた。

正　解　(3)・(4)

ポイント解説

ポイント解説

(1) **不適当**：送風機のプーリーは、緊張させずに少したるみを与える。

(2) **不適当**：送風系の抵抗曲線が増加することで、Ａ→Ｃに向かいダンパーを絞り込む。

(3) **適　当**：正しい。

(4) **適　当**：正しい。

1-9 冷温水コイル回りの配管要領図（複式伸縮管継手）

冷温水コイルの配管に用いる複式伸縮管継手についての取り付け施工管理として、**適当なもの**はどれか。

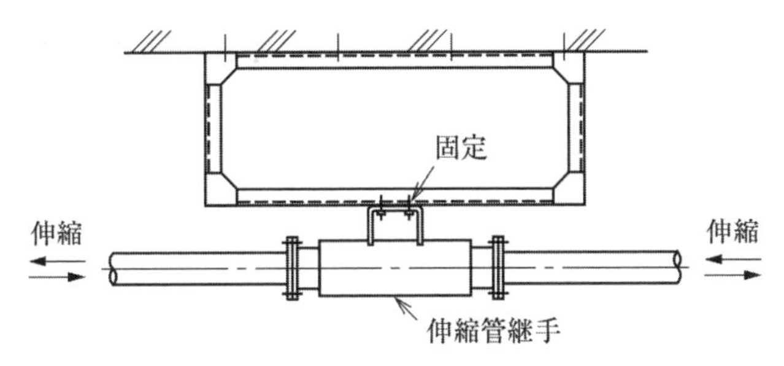

複式伸縮管継手の取付け要領

(1) 配管は固定した伸縮管継手の両側に伸縮できるガイド支持を取り付け複式伸縮管継手とした。

(2) 配管は、固定した伸縮管継手の片側を固定支持とし、他の側は伸縮できるガイド支持とした。

(3) 配管は、伸縮管継手の両側を固定支持して、伸縮管継手の固定を開放した。

(4) 配管は、伸縮管継手の両側をガイド支持とし伸縮管継手の固定を開放した。

正 解 (1)

ポイント解説

(1) **適 当**：複式伸縮管継手は、伸縮管継手本体を固定し、その両側は伸縮できるガイド支持を設ける。

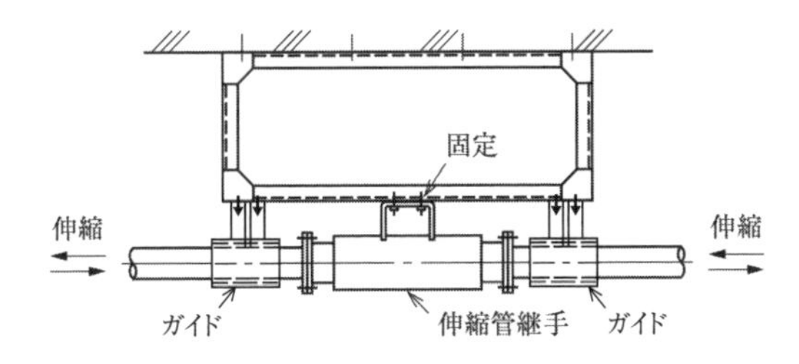

(2) **不適当**

(3) **不適当**

(4) **不適当**

1-10 地上タンクに送水する揚水ポンプ回りの施工要領図

揚水ポンプ回りの施工要領図は、主にポンプの振動や衝撃が配管に伝達されないように、防振継手を設け、逆流防止弁（CH）と仕切弁（GV）の取り付け要領を示すものである。

ポンプ回りの施工要領図のA、B、Cに相当する弁や継手の順序について、**適当なもの**は次のうちどれか。

	A	B	C
(1)	仕切弁	防振継手	逆止弁
(2)	仕切弁	逆止弁	防振継手
(3)	逆止弁	仕切弁	防振継手
(4)	防振継手	逆止弁	仕切弁

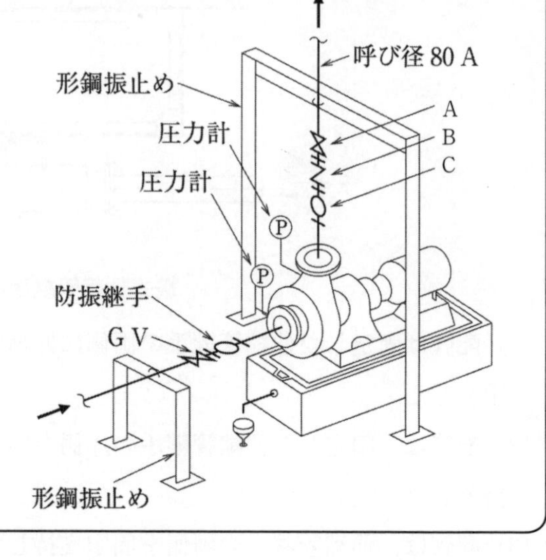

正 解 (2)

ポイント解説

(1) **不適当**

(2) **適 当**：ポンプの振動・衝撃を吸収する防振継手（C）をポンプ吐出口に設けて、次に逆止弁（B）、続いて仕切弁（A）を設ける。

(3) **不適当**

(4) **不適当**

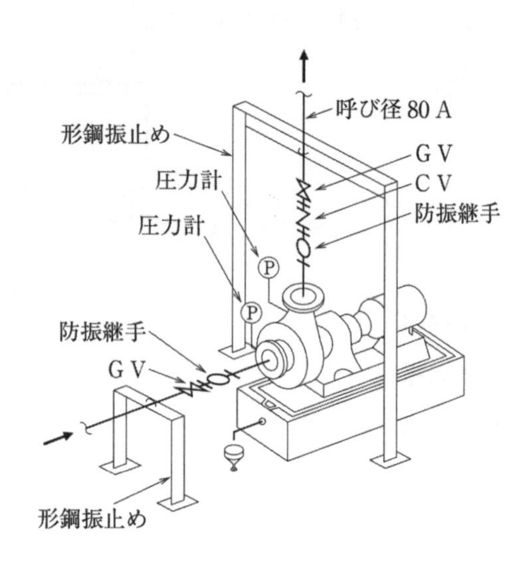

1-11 重量機器のアンカーボルトの施工要領図

室外機、タンク、ボイラー、冷却塔などの重量機器の基礎の固定は、床（スラブ）の構造鉄筋に結合することが望ましい。アンカーボルトの施工要領図には適当でない部分がある。確認すべき点のうち、**不適当なもの**は次のうちどれか。

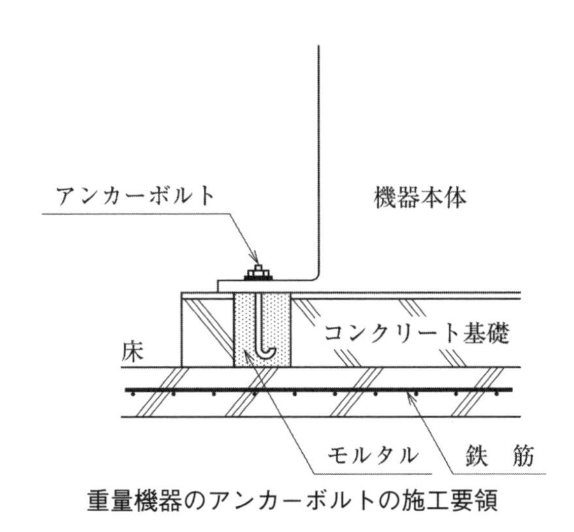

重量機器のアンカーボルトの施工要領

(1) アンカーボルトの締付け後のボルトの山は2山以上突き出した。
(2) アンカーボルトの長さが不足しているので、床（スラブ）の鉄筋と緊結する。
(3) 一般に、アンカーボルトの位置は床（スラブ）コンクリートの打設前に、アンカーボルト挿入用の箱を設け、床（スラブ）の鉄筋と緊結できるよう空間を設けておく。
(4) アンカーボルトの頭部には座金を一枚用いて締付けた。

正　解　(1)

ポイント解説

(1) **不適当**：アンカーボルト締付後のネジ山の突出しは3山以上とする。
(2) **適　当**：アンカーボルトは床（スラブ）鉄筋に緊結する。
(3) **適　当**：アンカーボルトは、一般に、アンカーボルトと床（スラブ）鉄筋を緊結してから、後モルタルで埋戻す。
(4) **適　当**：アンカーボルトのナットの下部に座金を一枚用いて締め付ける。

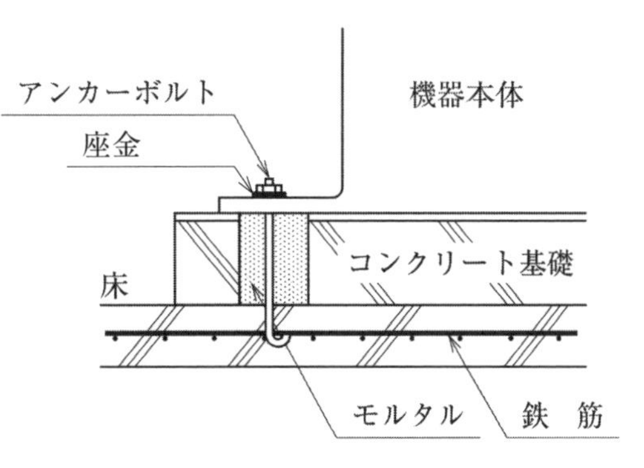

1-12 ダクトダンパの施工要領図

各部屋に500m³/hの風量を届けるダクトの配置図で、消音エルボ（内部はグラスウール等をつめて消音したもの）で騒音を低下させている。騒音の発生原因は、ダンパの風量の調整をするダンパの風切音である。このため、ダンパは消音エルボの上流側に配置する必要がある。次のダクトダンパ（VD）施工要領図についての、改善について次のうち**不適当なもの**はどれか。

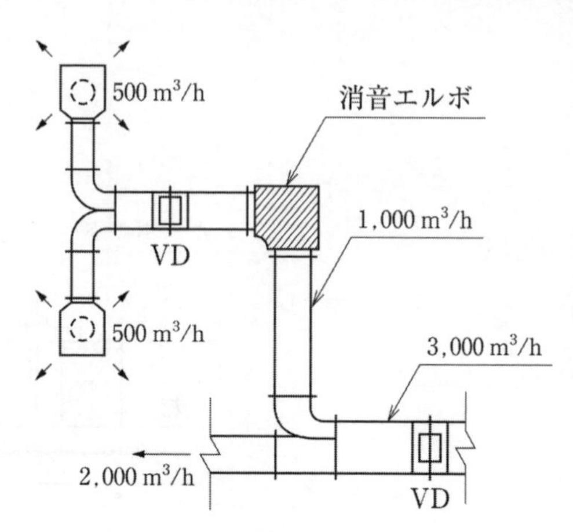

ダクト施工要領（平面図）

(1) ダンパの取付けの方向は鉛直方向に変更する。
(2) メインダクトの分岐後の風量は1000m³/hである。
(3) 分岐後のVD（ダンパ）は消音エルボの下流側に取付ける。
(4) 消音エルボの内部には空隙の多い多孔質のロックウールやグラスウールなどを用いて騒音を吸収している。

正 解 (1)・(3)

ポイント解説

(1) **不適当**：ダンパVDの取付け方向は適当で変更しない。
(2) **適 当**：分岐した風量は1000m³/hである。分岐点で1000m³/hと2000m³/hに分岐している。
(3) **不適当**：消音エルボの上流側にダンパを取り付け、騒音を吸収し吹出口部側を静音にする。
(4) **適 当**：消音エルボはロックウールやグラスウールを用いている。

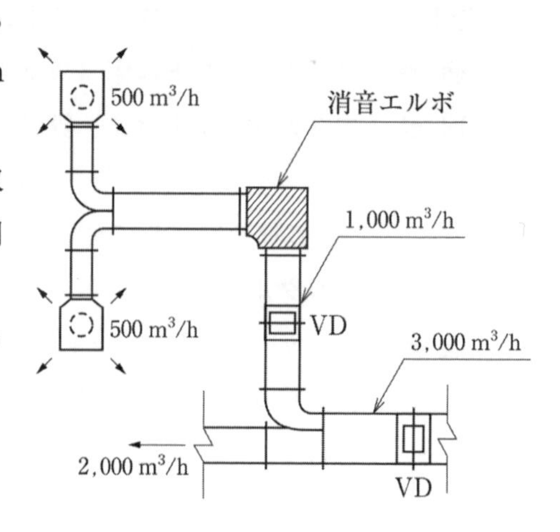

1-13 防火区画を貫通する配管の施工要領図

防火区画を貫通して配管できると認定された排水通気用耐火二層管 VP 以外の樹脂系管は、床を貫通する場合は、スラブの上下面より 1m の区間は鋼管等の不燃材料で被覆する必要がある。防火区画の床を貫通する配管について施工要領として、**不適当なもの**はどれか。

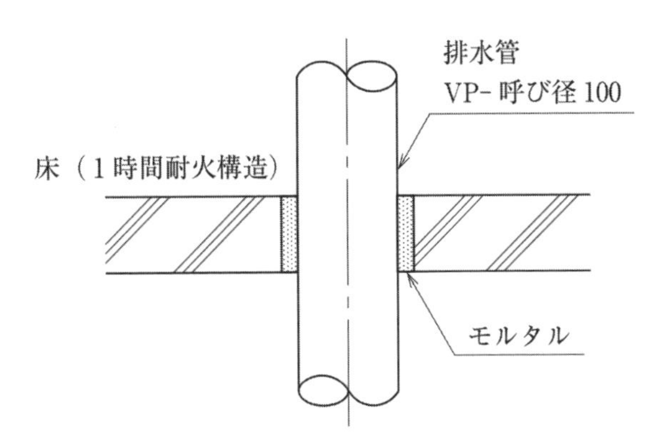

防火区画を貫通する配管の施工要領

(1) 防火区画の貫通部は床の上面と下面から 1m の範囲を鋼管（SGP 管等）を被覆した。
(2) 貫通する空隙はモルタル又はロックウール等の不燃材料で詰めた。
(3) 国土交通大臣の認定を受けた耐火二層管、耐火 VP 等であっても鋼管等の不燃材料による被覆を必要とする。
(4) 1 時間耐火構造にあっては、肉厚材料の場合直径 90mm の管径以下については鋼管等の被覆を必要としない。

正 解 (3)

ポイント解説

(1) **適 当**：認定外の樹脂系配管は鋼管等で床上下面から 1m を不燃材料で被覆する。
(2) **適 当**：正しい。
(3) **不適当**：認定耐火二層管や耐火 VP 管は樹脂系であっても被覆を必要としない。
(4) **適 当**：建築物の耐火構造の種類により合成樹脂系配管にあっても被覆を必要としない管径の最大寸法が定められている。

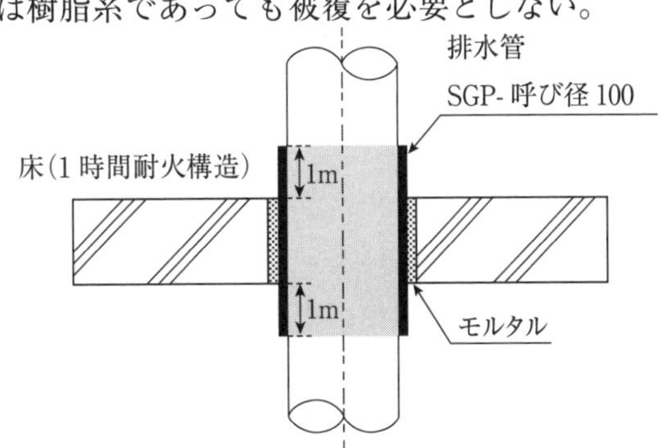

1-14 ダイレクトリターン方式とリバースリターン方式

空調機器の吹出口の温度を均一にするためには、配管路は長くなるが、大型の空調設備ではリバースリターン方式が用いられる。比較的規模の小さい場合にはダイレクトリターン方式が用いられる。リバースリターン方式は、各機器までの配管路の長さを均等にしたもので流量バランスがよい。

ダイレクトリターン方式を図のように復路を一本増管してリバースリターン方式に変更したものである。リバースリターン方式とダイレクトリターンの長所・欠点について、**不適当なもの**はどれか。

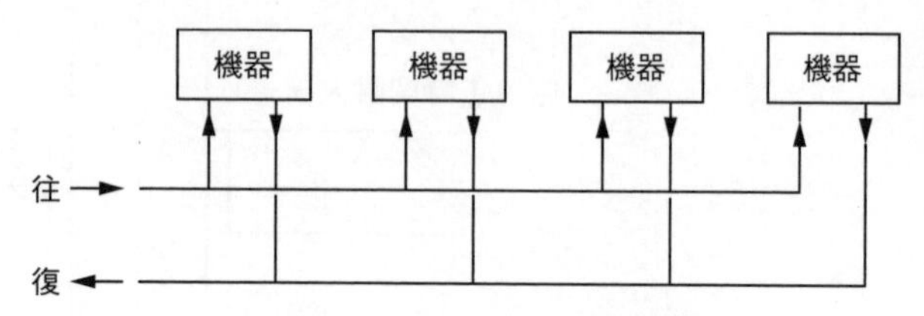

ダイレクトリターン方式

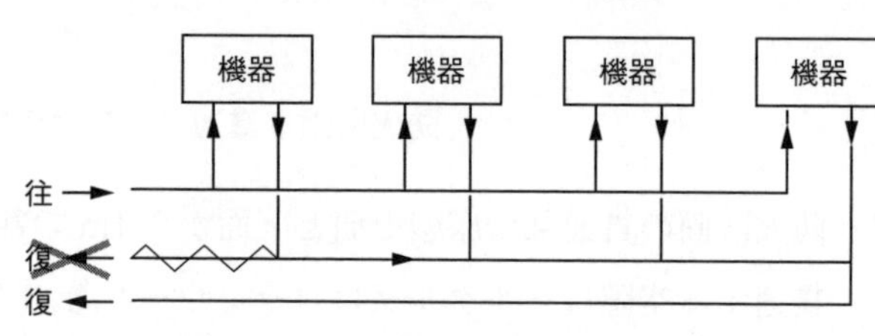

リバースリターン方式となるように変更した図

(1) リバースリターン方式は全体の管路長が長くなり、経費がかさむ。

(2) リバースリターン方式に比較して、ダイレクトリターン方式は、供給点から遠いほど夏季は冷却効果が少なく、冬季には暖房効果が少なくなる傾向がある。

(3) リバースリターン方式はダイレクトリターン方式に比べて小規模の場合に有利である。

(4) リバースリターン方式はダイレクトリターン方式に比べて往路と復路の摩擦損失が等しく流量バランスがよい。

正 解 (3)

ポイント解説

(1) **適 当**：正しい。

(2) **適 当**：ダイレクトリターン方式は流量バランスが悪いため遠い機器にエネルギーが届きにくい。

(3) **不適当**：小規模の空調システムでは、流量バランスの乱れが少ないのでダイレクトリターン方式の方が有利である。

(4) **適 当**：正しい。

1-15 給水タンクまわりの保守空間の状況図

給水タンクを屋内に設けるときは、タンクの保守点検のため必要な作業空間を設けるよう規準に定められている。その寸法について**不適当なもの**は次のうちどれか。

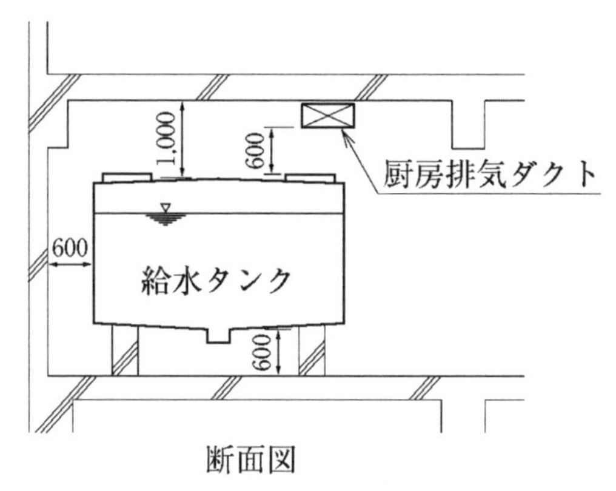

断面図

給水タンクまわり状況図

(1) タンクの左右は600mm以上の空間をあけた。

(2) タンクの下部は600mm以上の空間をあけた。

(3) タンクの上部と天井の間隔は1000mm以上とした。

(4) タンクの上空をダクトを通すときは、タンクの上空は少なくとも600mm以上の空間をあけた。

正 解 (4)

ポイント解説

(1) **適 当**：正しい。

(2) **適 当**：正しい。

(3) **適 当**：正しい。

(4) **不適当**：タンクの上空をダクトや水管を通すときであっても、少なくとも1000mm以上の作業空間をあける。

1-16 天井吊り送風機（呼び番号 4）設置施工要領図

天井吊り送風機の呼び番号によって、その構造は異なっている。呼び番号２未満は吊りボルトとターンバックル（長さの調整用具）付ワイヤーで架台を吊る形式である。呼び番号２以上の送風機は、形鋼を溶接合したかご状に組み立てた架台の上に送風機を乗せて設置する。

呼び番号４の天井吊りの構造として**不適当なもの**は次のうちどれか。

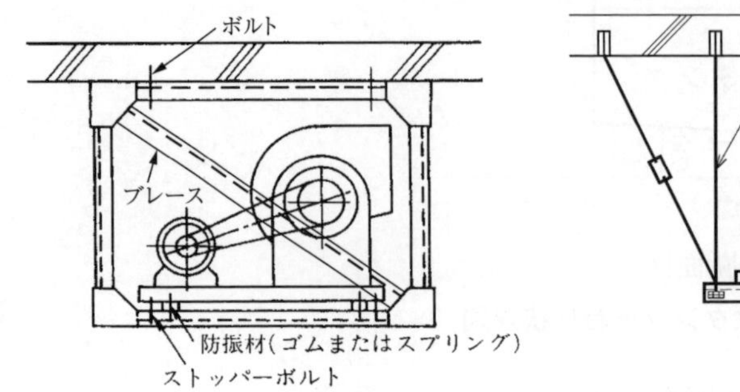

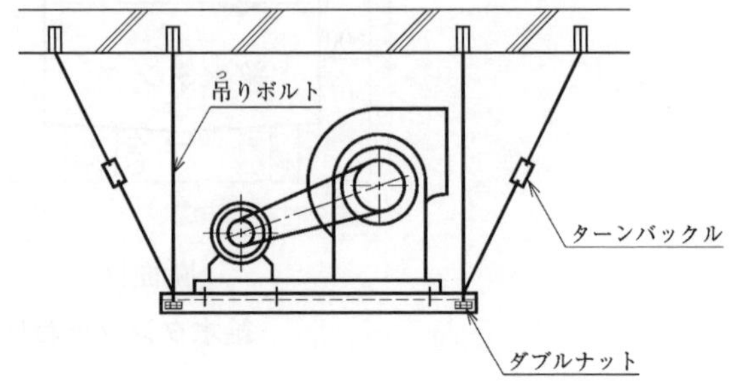

(1) 呼び番号４の送風機の架台の吊りボルトには長さの調整用のターンバックルを設けた。
(2) 呼び番号２以上の吊り材には形鋼を溶接合したかご形架台を用いた。
(3) 呼び番号２未満の送風機は４本の吊り材と４本のワイヤーにターンバックルをつけて防振した。
(4) 呼び番号２以上の形鋼かご形架台上に送風機を設置し、架台と吊材との間に防振材（ゴム等）を入れ、架台にボルトで固定した。

正　解　(1)

ポイント解説

(1) **不適当**：呼び番号２以上では形鋼かご形架台を用いるのでターンバックルを用いない。
(2) **適　当**：正しい。
(3) **適　当**：正しい。
(4) **適　当**：正しい。

1-17 便所系統の換気ダクトへのダンパの取付け要領図

便所系統の換気ダクトへのダンパの取付けは、最上階と屋上換気機械室には、床貫通部に防火ダンパを設け、床貫通部から火炎等がダクトを通過しないように遮断する。また、最上階以外の階で火災が生じたとき防火区画の壁貫通部には防煙ダンパを設け、壁貫通部から煙の流出を防止する。

次の図に示す便所系統の換気ダクトのダンパの取付けやダンパの作動について**不適当なもの**はどれか。

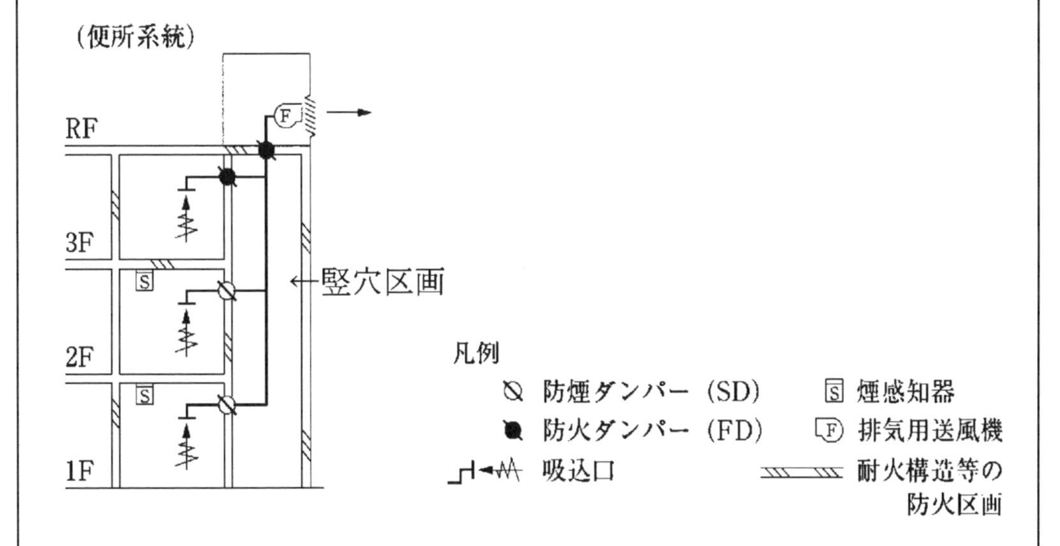

(1) 便所系統の換気機械室への床貫通部には防火ダンパを設け火炎の通過を防いだ。

(2) 便所系統の最上階の壁貫通部には防火ダンパを設け火炎の通過を防いだ。

(3) 便所系統の最上階の壁と換気機械室の床の両貫通部に防火ダンパを、それ以外の各階の壁貫通部に防煙ダンパを取り付けた。

(4) 防火ダンパは煙を感知し、防煙ダンパは温度を感知してダンパを自動遮断する。

正 解 (4)

ポイント解説

(1) **適 当**：正しい。

(2) **適 当**：正しい。

(3) **適 当**：正しい。

(4) **不適当**：防火ダンパは温度を感知して遮断し、防煙ダンパは煙を感知して自動的に遮断する。

1-18 屋内消火栓設備の給水系統配管施工要領図

屋内消火栓の給水系統配管図において、消火ポンプの性能を確認するための試験を行うため、消火ポンプの吸込側の正圧・負圧の両方を測定する連成計（C）と吐出側の正圧を測定する圧力計（P）を設置する。試験流量は試験配管の瞬間流量計（E）で測定する。また消火活動中の締切運転時の水温上昇を防止するため、かならず逃し配管を設ける。

消火ポンプが水源となる水槽よりも高い位置にあるときは、専用の呼びタンク（水槽装置）を設ける必要がある。

次の屋内消火栓設備の給水系統配管施工要領図について、**不適当なもの**は次のうちどれか。

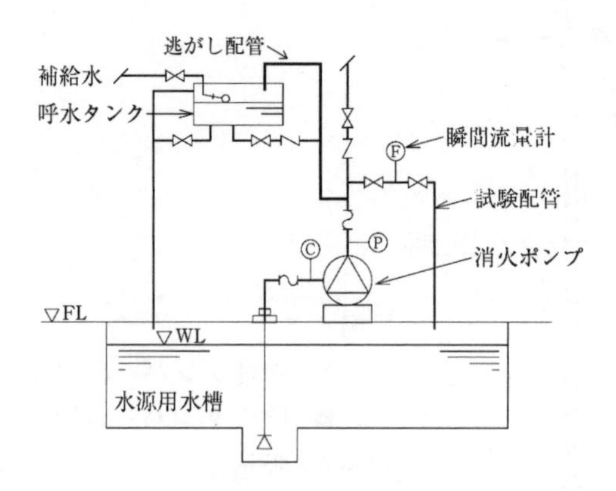

(1) 屋内消火栓の加圧送水ポンプの性能を試験するために、試験配管を設けた。

(2) 加圧送水ポンプの圧力を測定するため吐出側に連成計を、吸込側に圧力計を設けた。

(3) 水源となる水槽が消火ポンプの下側にあるので、消火ポンプの上方に専用の呼水タンクを設けた。

(4) 加圧送水ポンプは全く放水されない状態であってもホース先端の水圧を保持する必要があるため締切運転をできるよう逃し配管を設けた。

正 解 (2)

ポイント解説

(1) **適 当**：正しい。

(2) **不適当**：吸込側に正圧と負圧を測定する連成計（C）を、吐水側に圧力計（P）を設ける。

(3) **適 当**：正しい。

(4) **適 当**：正しい。

1-19 冷温水コイル回りの配管施工要領図

冷温水コイル内の流れを良くするため気泡を空気弁で放出する。冷温水はコイルの下側から入り上側から出るよう配管する。またコイル内の流量を一定にするためバイパス管として三方弁を用いて流入側の冷温水量を一定にする。最近では、インバータの導入により二方弁を制御してコイル内の流量を負荷に応じて変流量とする変流量方式が多くなった。

図に示したものは三方弁を用いた定流量方式である。次の施工要領図において、**不適当なもの**はどれか。

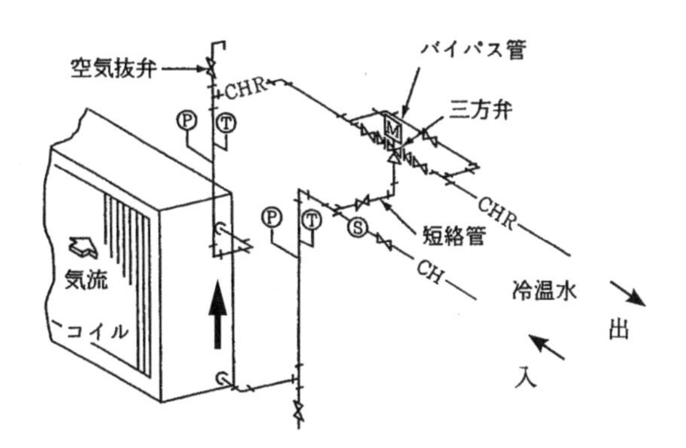

(1) コイルの配管には冷温水が上側から入り、下側へ流出するようにした。

(2) 三方弁を用いて、コイルへの流入量を一定となるよう配管した。

(3) 配管中の空気を抜き出すため配管頂部に空気抜弁を設けた。

(4) 省エネのためインバータ制御により二方弁を用いた変流量方式が用いられることが多い。

正 解 (1)

ポイント解説

(1) **不適当**：コイルの配管は冷温水中の気泡の影響を防止し円滑に流すため、冷温水は下から入り、上側に流出するようにする。

(2) **適 当**：正しい。

(3) **適 当**：正しい。

(4) **適 当**：正しい。

1-20 機器据付け防振架台施工要領図

防振架台の施工要領について、防振対策上、①～④のうち**不適当な箇所**はどれか。

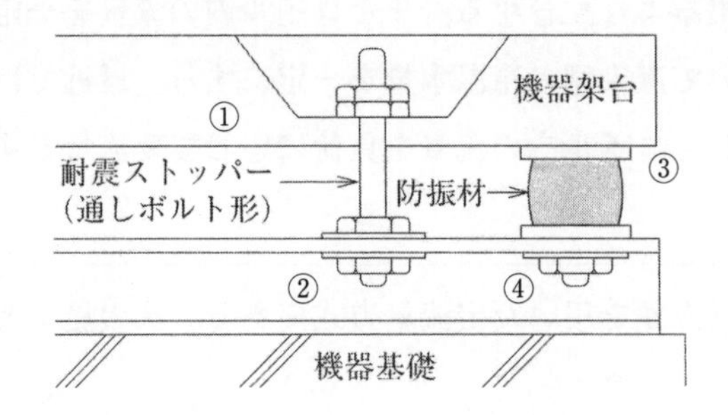

(1) ①耐震ストッパー上部は二重ナットとし、ネジ山は３山以上突出している。

(2) ②耐震ストッパー下部は基礎の固定材に両面からナットで緊結している。

(3) ③防振材上部は架台と密着している。

(4) ④防振材下部は基礎の固定材にナットで緊結している。

正 解 (1)

ポイント解説

(1) **不適当**：①の機器架台と二重ナットとの間に防振用ゴムパッドを挿入して防振吸収用のクリアランスを取る必要がある。

(2) **適 当**：正しい。

(3) **適 当**：正しい。

(4) **適 当**：正しい。

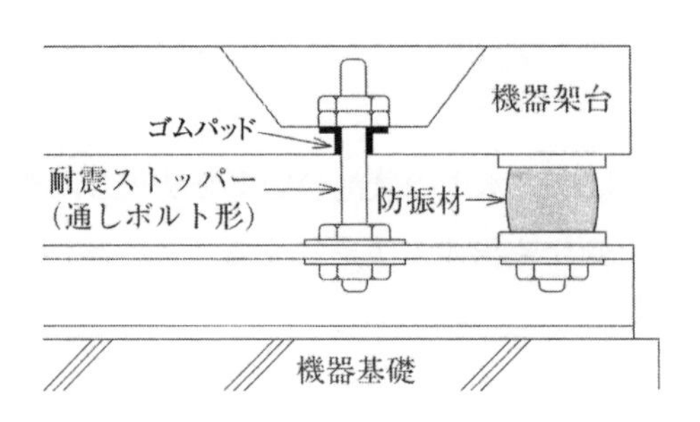

①-21 温水配管系統施工要領図

温水配管の系統図では、温水ボイラの圧力上昇に備えて逃し弁を設け、給水用の膨張タンクは、最高位の放熱器に給湯するために、当該放熱器よりも1m以上高い位置に膨張タンクを設置する必要がある。また温水ポンプへの圧力が一定となるよう膨張タンクからの膨張管の下端は給水ポンプの上流側で接合させる必要がある。

次の温水配管系統施工要領図について、**不適当なもの**はどれか。

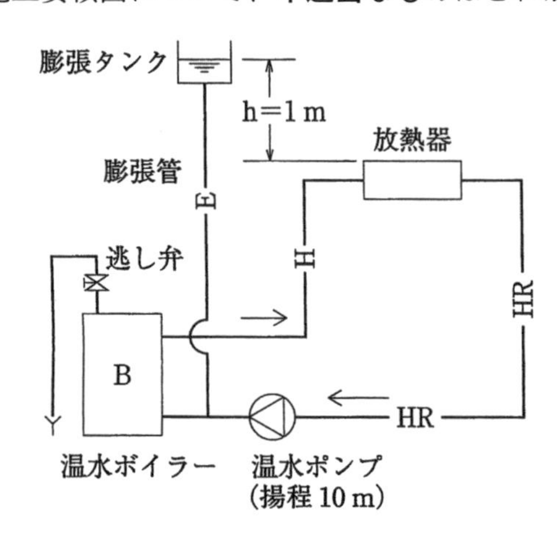

(1) ボイラーの圧力を一定以下とするためボイラーに逃し弁を設けた。
(2) 膨張管の下端は給水ポンプの下流側に接合した。
(3) 膨張タンクは最高位の放熱器より1m以下の高低差となるよう配管した。
(4) 逃し弁からの排水は間接排水とした。

正 解 (2)・(3)

ポイント解説

(1) **適 当**：正しい。
(2) **不適当**：右図のように，膨張管の下端は給水ポンプの上流側で接合する。
(3) **不適当**：膨張タンクは、最高位の放熱器より1m以上離して、高い位置に配置する。
(4) **適 当**：正しい。

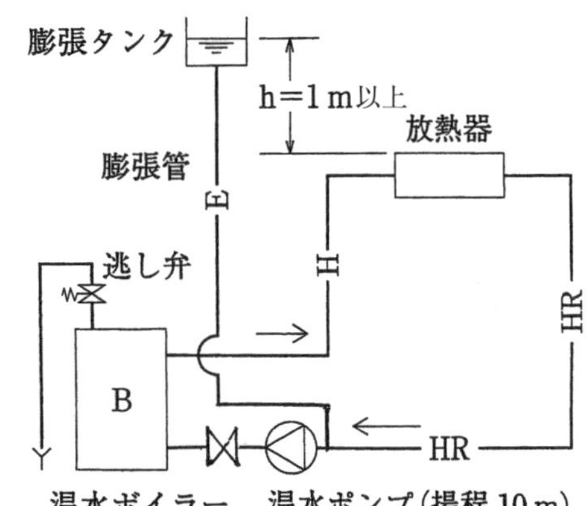

膨張タンクの膨張管は、温水ポンプの上流側に接続する。
これは、管内圧力分布を負圧ではなく正圧にするためである。
温水配管の系統図

第２章 「空気調和設備」 問題解説

2-1 空冷ヒートポンプマルチパッケージ形空調機冷媒管施工と試運転調整

空冷ヒートポンプマルチパッケージ形空調機のヒートポンプは空調機の高熱媒体をさらに加熱するための支援機器である。空調に限らず、ヒートポンプは給湯機などに広く用いられている。マルチ（multi：多数の）をパッケージ（package：抱き合わせ）の意味を表し、空冷エアコンの省エネのためヒートポンプを併用し、多数のエアコンをまとめて空調できる能力があり、１台の室外機で多くの台数の室内機が駆動できるようにしたものである。空冷ヒートポンプマルチパッケージ形空調機の施工や試運転調整の要点は他の空調機と同じである。

空冷ヒートポンプマルチパッケージ形空調機についての施工と完成後の試運転調整を行う場合、**不適当なもの**はどれか。

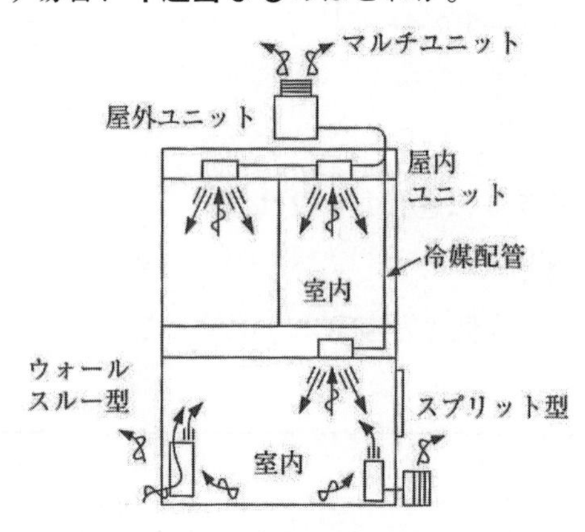

マルチパッケージ形空気調和機の機構

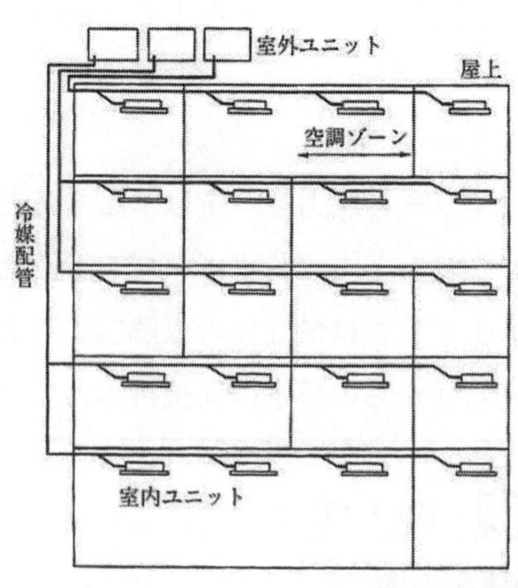

ビル用マルチパッケージ形空気調和機の使用例

(1) 冷媒管（銅管）を切断するときは管軸に対して直角に切断し、切断時に発熱の少ない金鋸盤又は電動盤を用い、切断管断面のバリはスクレーパで整える。

(2) 冷媒管を天井吊りで支持するときは、断熱粘着テープの重ね巻きを避け一層巻きとし吊支持金具が冷媒管の断熱材に食込まないようにする。

(3) 冷媒管の気密試験では段階的に加圧し、加圧の都度、冷媒管の接合部に石けん水を塗布するなどの方法で、冷媒ガス漏れ箇所を確認した。

(4) 空調機の試運転では、送風機と加湿器のインターロックで送風機の停止後に加湿器が停止することを確認した。

(5) 空調機出口の温度・湿度が、系統ごとの負荷に応じて変化するよう調整した。

正 解　(2)・(4)

ポイント解説

(1) **適 当**：正しい。

(2) **不適当**：冷媒管の支持をするとき、断熱粘着テープは一重でなく二層の重ね巻きとしなければならない。

(3) **適 当**：正しい。

(4) **不適当**：送風機と加湿器のインターロックは加湿器が停止して後、必要な時間が過ぎてから送風機が停止するよう調整する。

(5) **適 当**：正しい。

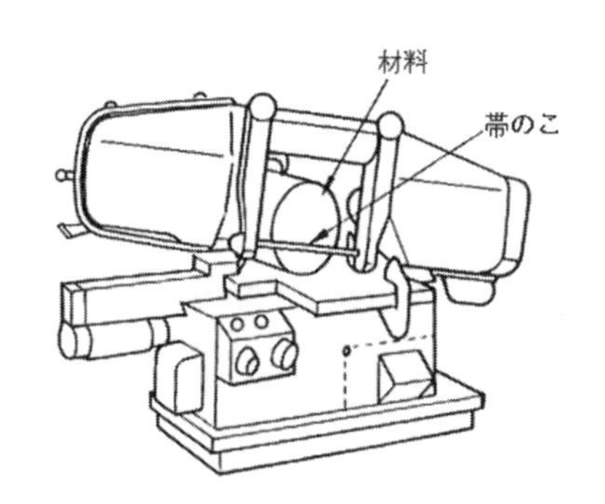

金鋸盤(金切り帯のこ盤)による銅管の切断

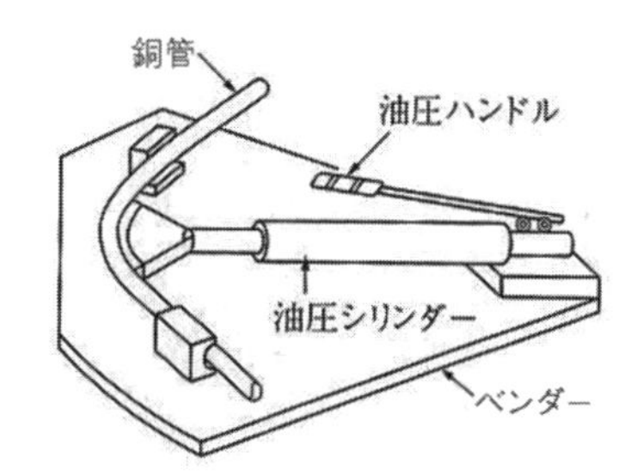

ベンダーによる銅管の曲げ加工

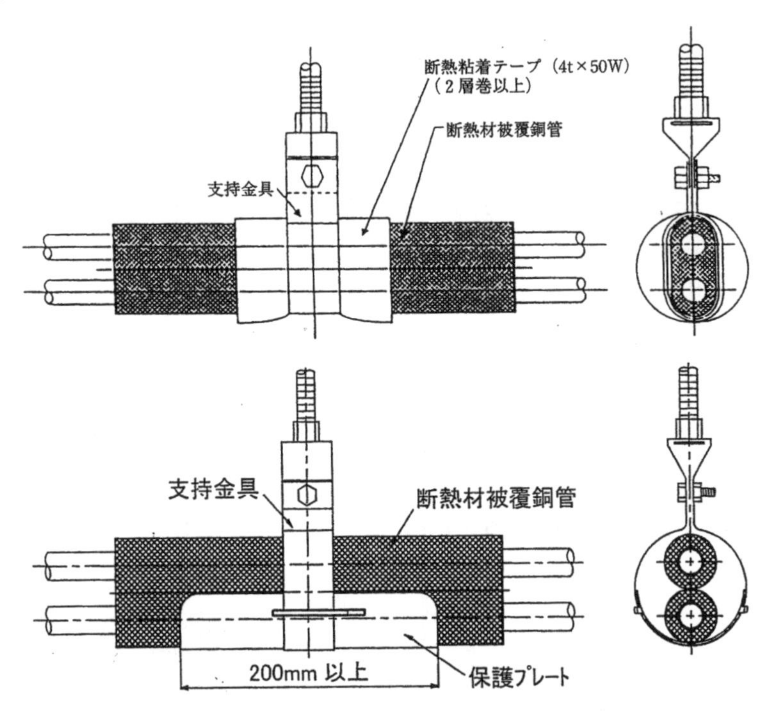

断熱材で被覆した冷媒用銅管の支持方法
(施工例を 2 つ示す)

2-2 中央式の空気調和設備の施工

中央式の空気調和設備とは、冷凍機・ボイラなどの熱源機を一箇所に集中させ、エアハンドリングユニットやファンコイルなどの空気調和機を組合せて使用するセントラル空調機のことで、その施工は他の個別に空調する場合と施工の留意点は同じである。

中央式の空気調和設備の配管では、冷凍機の振動を遮断する防振継手と冷温水配管の熱による伸縮継手、吊り又は支持の他、冷温水配管の勾配と空気抜弁の設置位置に留意する。

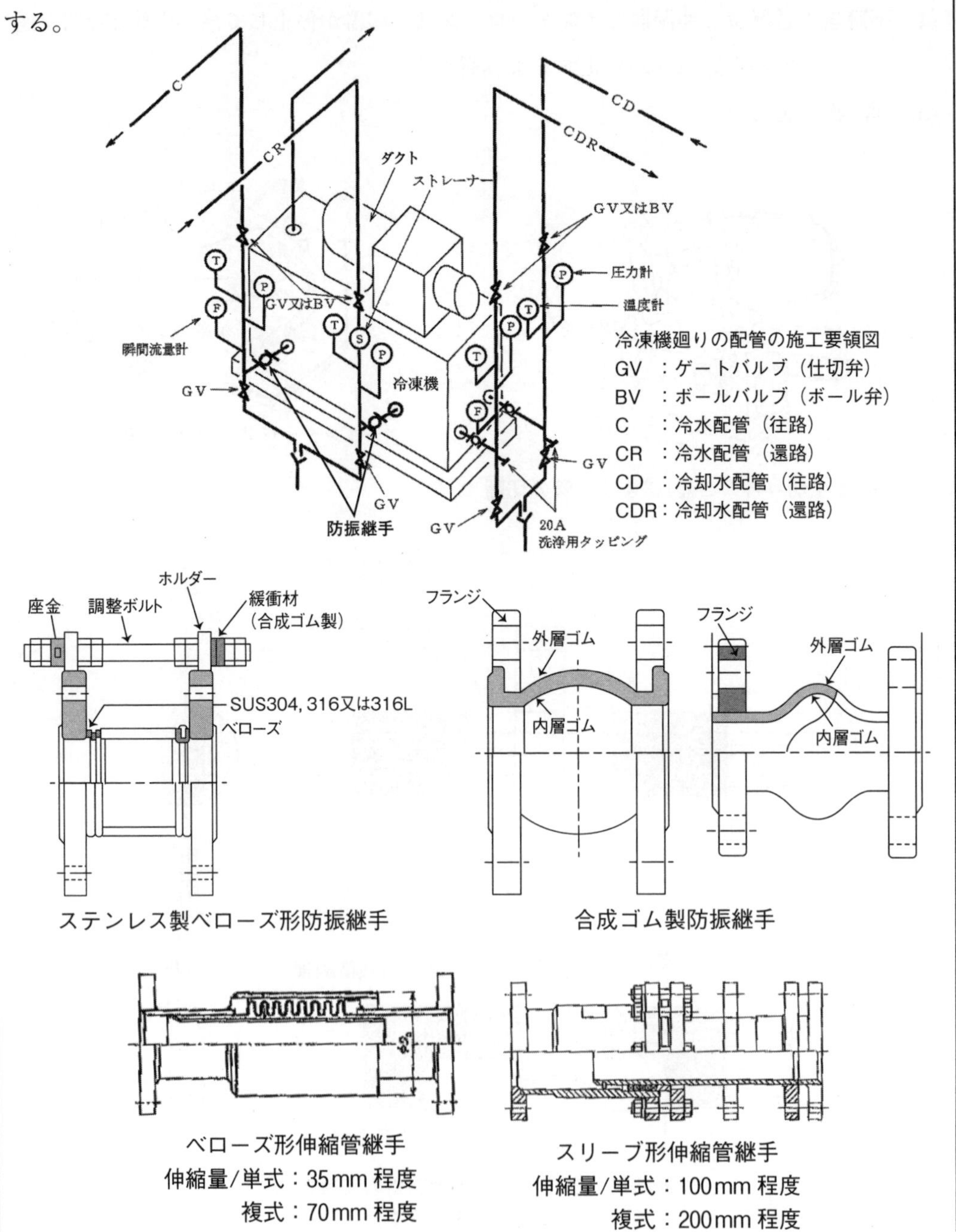

中央式の空気調和設備の冷凍機まわりの配管、冷温水配管の熱伸縮に対する器具や支持の他配管の勾配と空気抜弁の位置についての記述のうち、**不適当なもの**はどれか。

(1) 冷凍機は運転中、常時振動しているので、振動が配管に伝わらないように冷凍機と配管は伸縮継手を用いて接続した。

(2) 熱による冷温水配管の伸縮に対応できるようにするため、長い直管部にはスリーブ形又はベローズ形の伸縮管継手を取り付けた。

(3) 横引きした冷温水配管の吊りボルトが300mmより短い場合は、吊りボルトにせん断応力が作用しないよう、継ぎ足しフックや鎖などで変形を自由にした吊り支持とする。

(4) 空気だまりの発生を防止するため、横走り配管に勾配をつけて、配管頂部の空気抜弁で空気を抜取ることが多い。

正 解 (1)・(3)

ポイント解説

(1) **不適当**：冷凍機の振動を吸収するためには、伸縮継手でなく防振継手を用いる。

(2) **適 当**：正しい。

(3) **不適当**：熱による配管の伸縮により受ける吊りボルトの受ける力はせん断応力でなく曲げ応力である。このため，吊りボルトの長さが300mm以下のときは，吊りボルトに代えて吊り鎖を用いる。

(4) **適 当**：正しい。

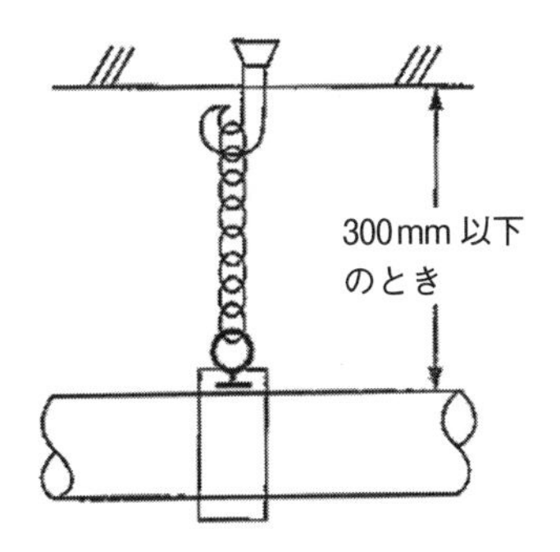

熱伸縮を受ける配管の鎖による吊り支持

2-3 厨房排気用長方形ダクトの製作と施工

長方形ダクトには、接合部を形鋼のボルトで接合する最強のアングルフランジ工法と、ダクトの亜鉛鉄板を折曲げ加工してフランジを製作し、クリップで接合する共板フランジ工法及びフランジを別の鋼材でつくり、このフランジをダクト間に差し込みフランジ押え金具で接合するスライドオンフランジ工法の3つの工法がある。どの工法にしても、接合部から漏気を防止するため、特に4隅のコーナにはシール材を充填する必要がある。ダクト継目の強度は亜鉛鉄板のダクト角の継目の多いほど強度は高く、長方形ダクトの留め方には、ピッツバーグはぜとボタンスナップはぜとが用いられ、円筒形の場合には甲はぜを用いる。

ダクトを天井吊りするときには振れ止め用の形鋼で12m以下の間隔で留め付ける。

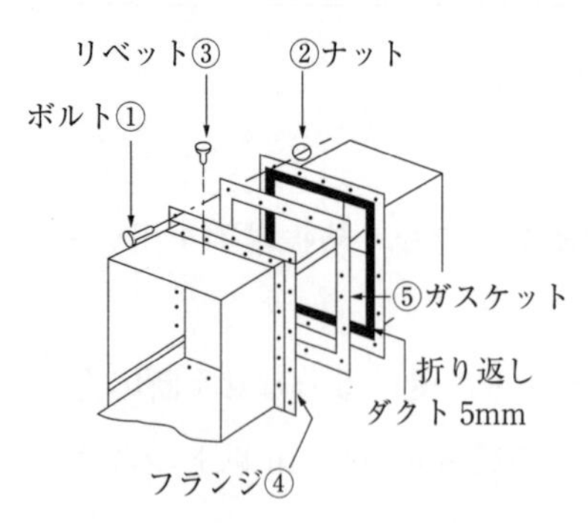

アングルフランジ工法

No.	アングルフランジ工法の施工法
①	フランジ（山形鋼）にダクトの亜鉛鉄板を5mm以上折り返す。
②	フランジの外周は、危険防止のためかどを落す。
③	フランジの接続は、フランジ幅と同一のガスケットを使用する。
④	フランジをダクトに取付けるときリベット又はスポット溶接（点溶接）とする。

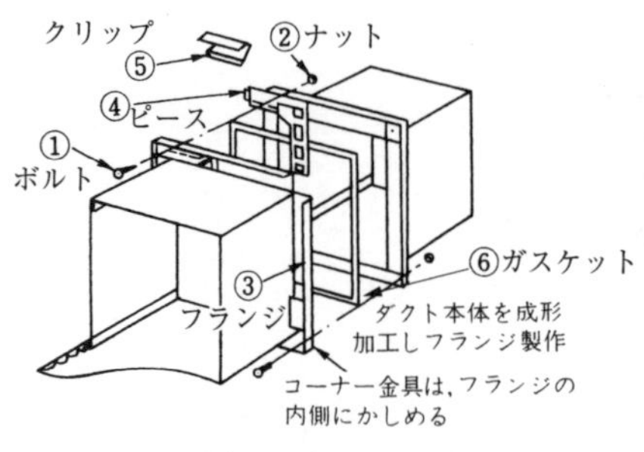

共板フランジ工法

①ボルト（4隅）　②ナット（4隅）③共板フランジ　④コーナーピース（コーナー金具）

No.	共板フランジ工法の施工法
①	共板フランジの面は正確に平面とする。
②	コーナーピースは正確に正しい向に取り付ける。
③	ガスケットは厚さ5mm以上のものを使用する。
④	クリップは、再使用してはならない。

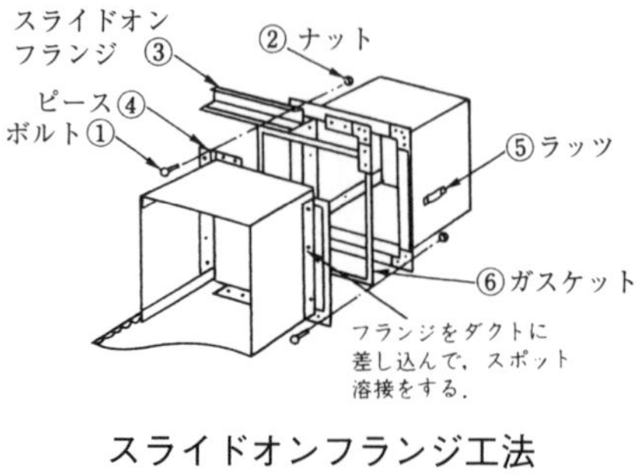

スライドオンフランジ③
②ナット
ピース④
ボルト①
⑤ラッツ
⑥ガスケット
フランジをダクトに差し込んで、スポット溶接をする。

スライドオンフランジ工法

No.	スライドオンフランジ工法の施工法
①	鋼板で製作したスライドオンフランジをダクトに差し込みスポット溶接で固定する。
②	コーナーピースを正確に取り付ける。
③	ガスケットは一方のフランジに貼付ける。
④	スライドオンフランジはフランジ押え金具（ラッツ・スナップ・ジョイナ）を用いて接続する。

ダクトの角の継目位置（①関連図）

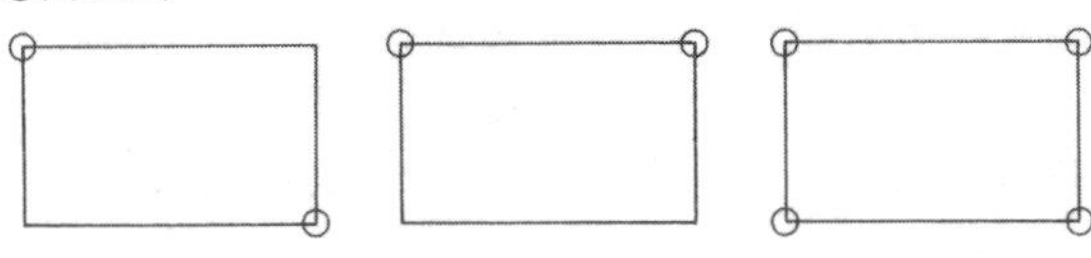

(a) 2 点接続法　(b) 2 点接続法　(c) 4 点接続法

※ダクトの角の継目は、強度を保持するため、原則として 2 箇所以上とする。

ダクトの継目のはぜ（①関連図）

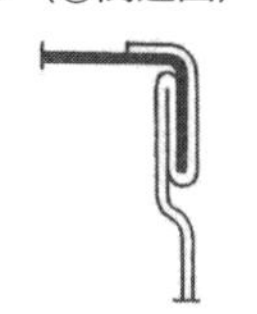

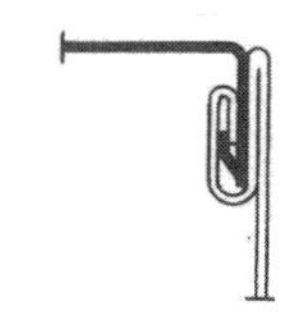

A: ピッツバーグはぜ　B: ボタンパンチスナップはぜ　C: 角甲はぜ

※継目のはぜは、ピッツバーグはぜ・ボタンパンチスナップはぜ・角甲はぜなどとする。

※厨房・浴室など、ダクト内部に油や凝縮水などが入る場合は、上部にはぜを設ける。

ダクトのアスペクト比（③関連図）

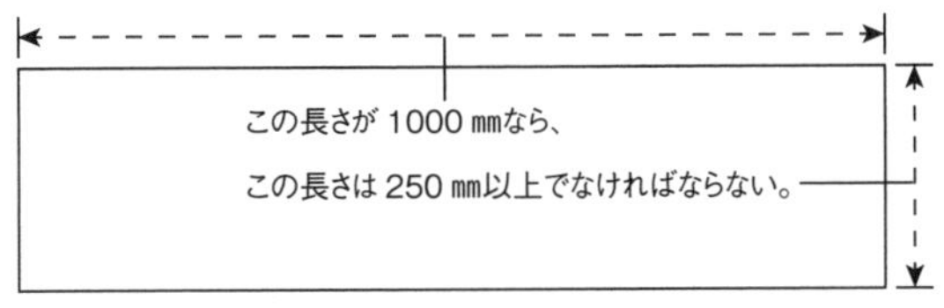

※長方形ダクトの短辺と長辺の長さの比を、アスペクト比という。

※長方形ダクトは、正方形に近いほど強度が高いため、アスペクト比は 4 以下とする。

フランジ継手（⑤関連図）

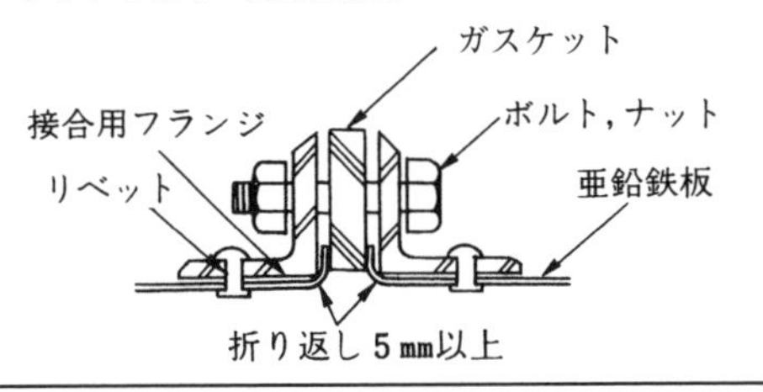

シール材の充填（⑤関連図）

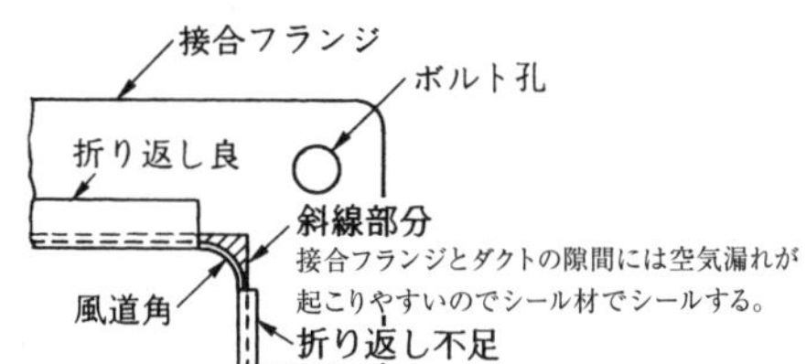

厨房排気用長方形ダクトの製作と施工について、**不適当なもの**は次のどれか。

(1) ダクトの角の継目の強度を保持するため、原則として 2 箇以上とした。

(2) フランジの継手部のコーナーは空洞部があるので、かならずシール材でシールし漏気を防止する。

(3) 横走りダクトの振止めの形鋼は、8m 以下の間隔で配置しなければならない。

(4) ダクトが防火区画を貫通するときは、ダクト外周部はモルタル又は不燃材料で詰める。

正　解　(3)

ポイント解説

(1) **適　当**：正しい。

(2) **適　当**：正しい。

(3) **不適当**：横走りダクトの振止め形鋼は 12m 以下の間隔に配置する。

(4) **適　当**：正しい。

2-4 直だき吸収冷温水機の据付けと単体試運転

直だき吸収冷温水機は、水を冷媒として、ガスや石油で加熱して、温水と冷水を同時につくり出す機器で重量が大きいのが特徴である。吸収冷温水機は大気圧以下で動作するため、取扱いは安全でありボイラー関係の法規制を受けない。こうした重量機器を据付けるときは、基礎コンクリートは打設後10日間は養生させて後に施工しなければならない。また、どの機器の据付けにも共通することであるが、保守・点検作業のため左右上下に必要な作業空間を確保しなければならない。

据付け終了後には、直だき吸収冷温水機の単体試運転する前に未済（未完成部分）がないか仕様書の全項をチェックし、機器と配管の接合部、配管相互の接合の締まり程度を事前に点検、調整して後、実際に水を入れて稼働して、機器・配管などの流を確認してから、温水、冷水の温度や燃料の制御などの性能確認をする。また、事故発生時を想定して各機器が順序通り停止するかなどについて、実際に単体試運転してその性能を仕様と比較し確認する。

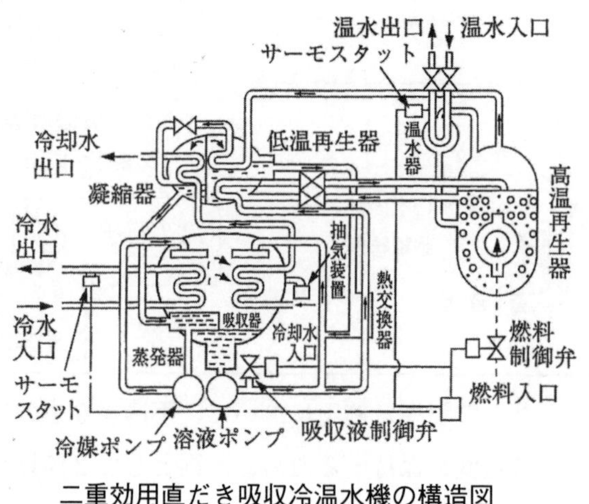

二重効用直だき吸収冷温水機の構造図

直だき吸収冷温水機の据付けと単体試運転についての説明のうち、**不適当なもの**はどれか。

(1) コンクリート基礎は、コンクリート打込み後、散水養生等を行ない、コンクリート打込み後７日以内には荷重をかけないようにした。

(2) 冷温水凝縮器の伝熱管の引き出し点検する必要があるため、引出し側には、必要な空間（スペース）を確保した。

(3) 機器を冷却する冷却水や冷水の水量を減少させてみて、断水保護制御機能が作動することを確認する。

(4) 再生器に入いる吸収溶液量と冷媒量（水量）とを反比例制御し、冷温水出入口における水温を調整した。

正 解　(1)・(4)

ポイント解説

(1) **不適当**：基礎コンクリートは打設後7日間でなく10日間は養生する。

(2) **適 当**：正しい。

(3) **適 当**：正しい。

(4) **不適当**：直だき吸収冷温水機の冷温水出入口における水の水温は空調・給湯などの温度である。この温度を制御するには、吸収溶液量と冷媒量（水量）とが比例関係にあることを利用して比例制御する。

②－5　マルチパッケージ形空気調和機の冷媒配管の施工

マルチパッケージ形空気調和機の冷媒配管の施工の留意点は、どの空調機であってもほぼ共通しているので、施工の視点は、①配管（銅管）の加工（切断・曲げ）、②防火区画の壁や天井、床などの貫通、③天井からの吊り支持や床からの支持、④冷媒管と機器の接合や配管相互の継手の4つの視点がある。

マルチパッケージ形空気調和機の冷媒配管の施工において、**不適当なもの**は次のうちどれか。

(1) 曲げ加工は、専用工具（ベンダーなど）を用いて行い、銅管の許容曲げ半径は管径の2倍以上とした。

(2) 防火区画の床や壁を貫通する冷媒配管は円形金具内に熱膨張性耐熱シール材を用いて、円形金具に通した配管の隙間に詰め込み貫通処理をした。

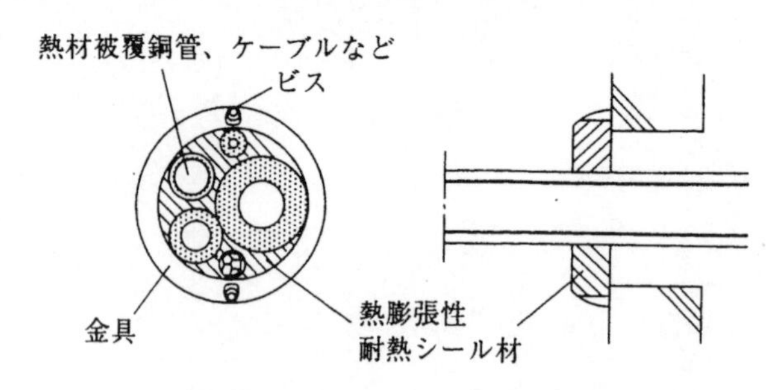

防火区画を貫通する冷媒配管の施工例

(3) 冷媒管の吊り支持金具として、保護プレート又は、断熱粘着テープ2層巻にして吊り下げた。

(4) 冷媒管の保温筒の水平方向の継目の開きは小さくし、相互の継目位置は一直線上に並ぶように取り付けた。

正　解　(1)・(4)

ポイント解説

(1) **不適当**：冷媒管の許容最小曲げ半径は銅管の管径の4倍以上とする。

(2) **適　当**

(3) **適　当**

(4) **不適当**：冷媒管の保温筒の相互の継目位置は、水平方向とし相互に千鳥とする。

2-6 多翼送風機の据付けの施工

送風機の据え付けは、送風機の呼び番号（翼の直径）が2以上の場合と、2未満の場合とで異なる。天井スラブからワイヤーで吊り下げるのは呼び番が2未満で、2以上は形鋼のかご形架台を吊り下げる。

多翼送風機の据え付けの施工についての留意点について、**不適当なもの**は次のうちどれか。

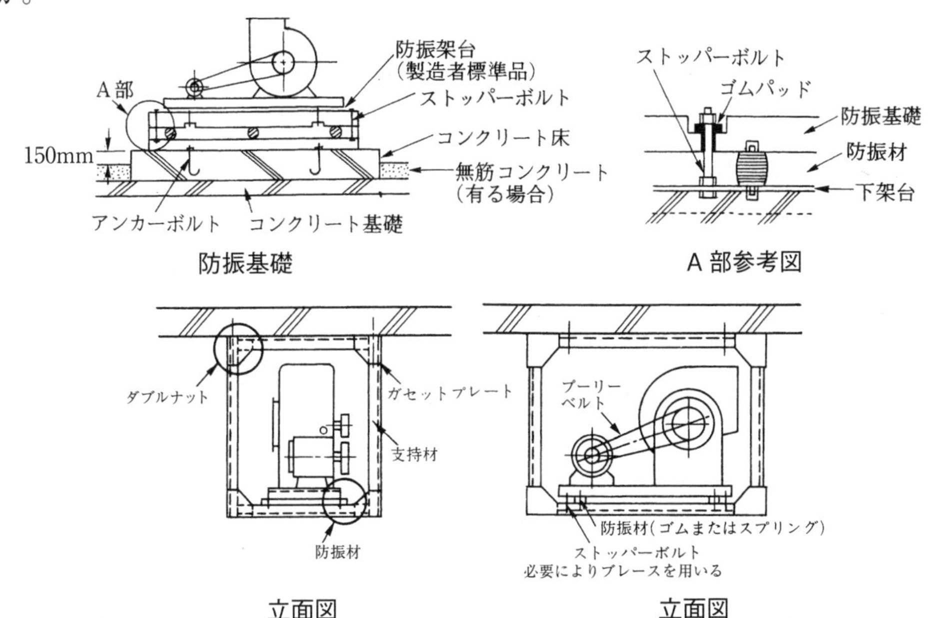

(1) ダクトスペース、送風機保守点検用スペースの他，羽根車や軸受けの交換用スペースを確保した。

(2) 送風機と電動機におけるプーリーの芯出しは、定規や水糸を用いて水平にし、軸間距離はプーリーがたるみなく緊張するよう調整した。

(3) 送風機の回転軸はレベルを用いて水平を確認してから、ストッパーボルトで下架台に固定した。

(4) 騒音振動を抑制するため、架台と基礎の間に防振ゴムや防振バネを取り付けた。

正 解 (2)

ポイント解説

(1) **適 当**：正しい。

(2) **不適当**：プーリーは親指で押してベル厚さ程度たわむよう調整する。

(3) **適 当**：正しい。

(4) **適 当**：正しい。

第3章 「給排水設備」 問題解説

3-1 汚物用水中モーターポンプと吐出し配管の施工と試運転調整

汚物用水中ポンプは多くの固形物を含んだ排水を揚水するもので管径75mm以上とする。汚物水槽内では汚物が沈殿しないよう流入口とピットの間に流れをつくるため、流入口より離れた位置にピットを設置する。汚物ポンプは停止することがないよう2台を1セットとして設置する。特に水中ポンプとして稼働するため設置するときのカップリングは電動機とポンプの軸心を一致させる必要がある。汚物ポンプも給水ポンプも配管との接続には防振継手、逆止弁、仕切弁を設ける。汚物ポンプ試運転調整も他のポンプと同様である。満水警報を発して2台のポンプが同時に稼働することを確認する。

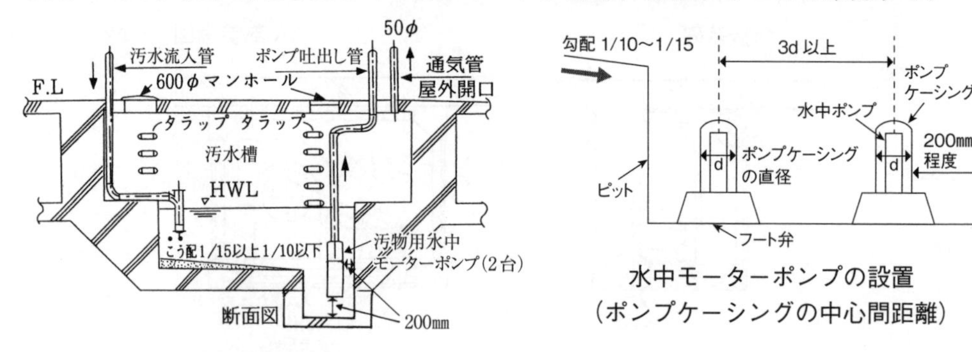

排水槽の構造例

水中モーターポンプの設置
（ポンプケーシングの中心間距離）

汚物用水中モーターポンプは、一般に低所の排水を高所のマンホールへ送り込む場合に用いられる。

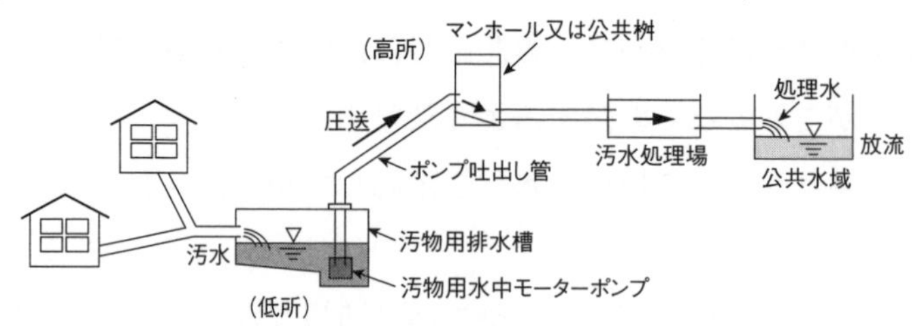

下水道集水処理システム

ポンプとモーター（電動機）のカップリングを正しく行う。

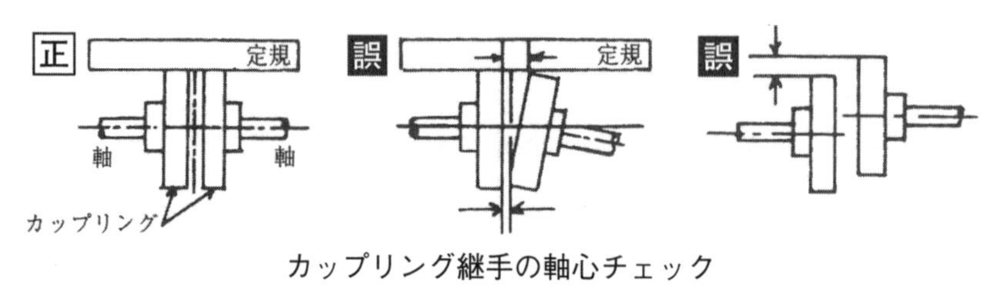

カップリング継手の軸心チェック

汚物用水中モーターポンプと吐出し管の施工と試運転調整について**不適当なもの**はどれか。

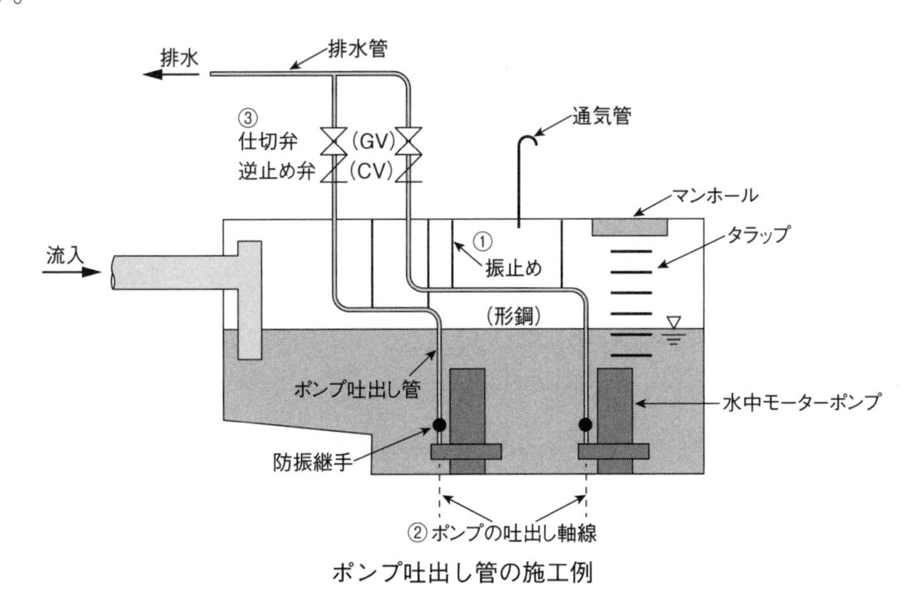

ポンプ吐出し管の施工例

(1) 水中モーターポンプは、流入口から離れた位置にポンプのピットを設け汚物の流れをつくるようにした。

(2) 水中モーターポンプは、据付け時に軸芯にずれのないよう水平面を確保し段差のないことを確認した。

(3) 水中モーターポンプの振動を防止するため吐出し管にはポンプ側から仕切弁、逆止弁、防振継手の順に取り付けた。

(4) 排水槽を満水として、満水警報を発することを確認して、どちらか1台のポンプが運転状態になることを確認した。

正解 (3)・(4)

ポイント解説

(1) **適当**：正しい。

(2) **適当**：正しい。

(3) **不適当**：水中モーターポンプの吐出し管から防振継手、逆止弁（CV）、仕切弁（GV）の順に取り付ける。

(4) **不適当**：満水警報がでたときは、2台の水中ポンプが同時に作動するよう調整しなければならない。

3-2　中央式の強制循環式給湯設備の施工

中央式強制循環式給湯設備は、大容量の熱源設備と供給用ポンプを設置して、配管により給湯するもので、貯湯式である。配管には上向き方式と下向き方式があり、水はポンプにより強制的に循環させているものである。

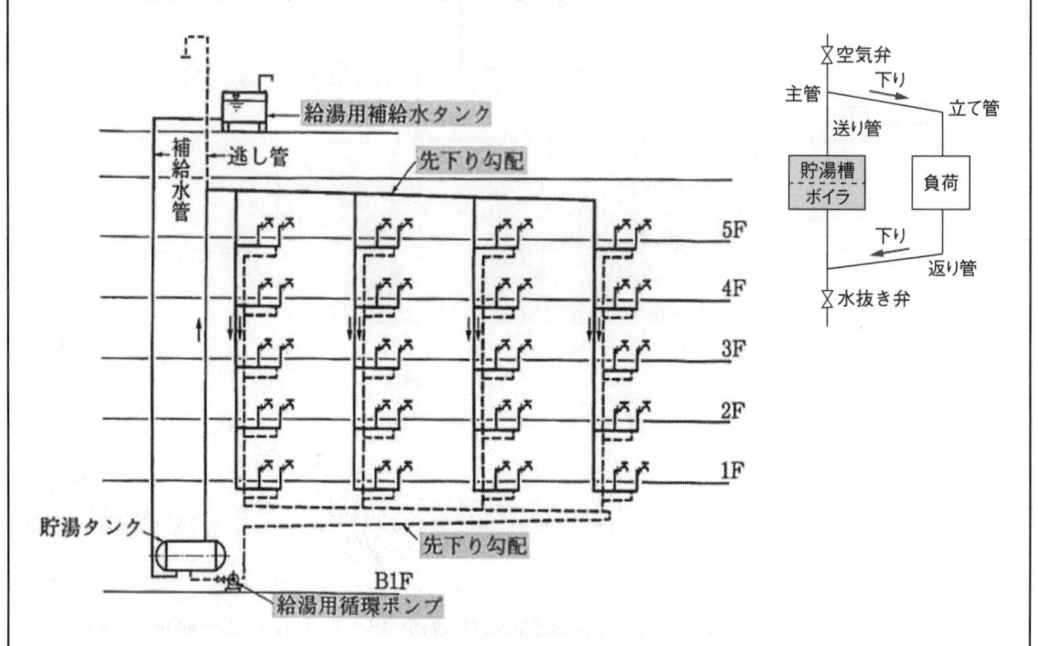

下向き循環式配管法

貯湯槽は保守管理のため、壁面とは450mm以上の空間を確保し、かつ、コイルの引抜き用に必要なスペースを壁との間に設ける。配管は熱を受けるので伸縮継手（ベローズ形又はスリーブ形）を用いる。

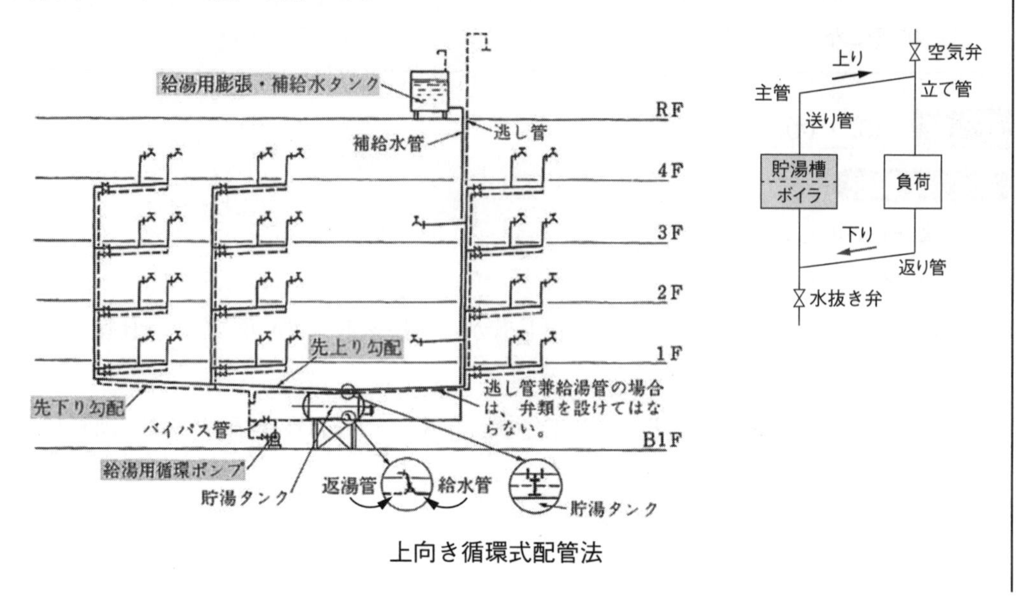

上向き循環式配管法

給湯配管は熱により伸縮するので、300mm 以下の短い吊ボルトで支持するときは、継ぎ足しフックや鎖などを用いる。

中央式の強制循環式給湯設備の施工について、**不適当なもの**はどれか。

(1) 貯湯槽の周囲には保守管理用のスペースとして、450mm 以上の空間をあけた。コイルを引出す場合にはその必要な間隔を壁との間に設けた。

(2) 給湯配管では熱により伸縮するので、直線配管が長く続く場合には途中にフレキシブル継手を設ける。

(3) 横引出し給湯配管の吊りボルトが 300mm 以下と短かい場合には、吊りボルトに曲げ応力が作用しないよう継ぎ足しフックや鎖などで支持した。

(4) 下向き配管では返り管は先上り勾配とし上向き配管の返り管は先下り配管とした。

正 解 (2)・(4)

ポイント解説

(1) **適 当**：正しい。

(2) **不適当**：給湯配管は熱を受けるので、熱に対して伸縮できるよう、必要な位置にはベローズ形又はスリーブ形の伸縮管継手を設ける。フレキシブル継手は地震時の対応のため上下の変動や伸縮などあらゆる方向に変位できる継手で給水タンクと配管の接合部等に用いる。

(3) **適 当**：正しい。

(4) **不適当**：下向き配管も上向き配管も共に、返湯管はかならず先下り配管とする。

③－3　給水ポンプユニットの製作図の審査

給水ポンプユニットの製作図の審査は、審査項は7つに定まっている。

①配管、②ポンプ、③接続、④固定、⑤取付け機器、⑥基礎、⑦排水装置である。その審査基準は次のようである。

審査項目	No.	給水ポンプユニットの製作図を審査する場合の留意事項
配管	①	配管の材質・口径・長さ・厚さなどの各寸法について、仕様書（設計図書）に基づいて作成したチェックリストと照合する。
ポンプ	②	モーターとポンプのカップリングについて、騒音や振動が発生する構造となっていないことを確認する。
接続	③	吸水する側において、吸水管とポンプ接合部との配管勾配が上り勾配となっており、施工が困難でないことを確認する。
固定	④	配管を固定する部材の材質・強度・寸法などが、仕様書に適合していることを確認する。
取付け機器	⑤	ポンプの吐出側において、ポンプに近い側から、防振継手→逆止弁（CV）→仕切弁（GV）の順で、機器が取り付けられていることを確認する。
基礎	⑥	ポンプの基礎に防振措置が施されており、基礎が安定していることを確認する。
排水装置	⑦	排水する側が、間接排水となっており、その設備が適切であることを確認する。

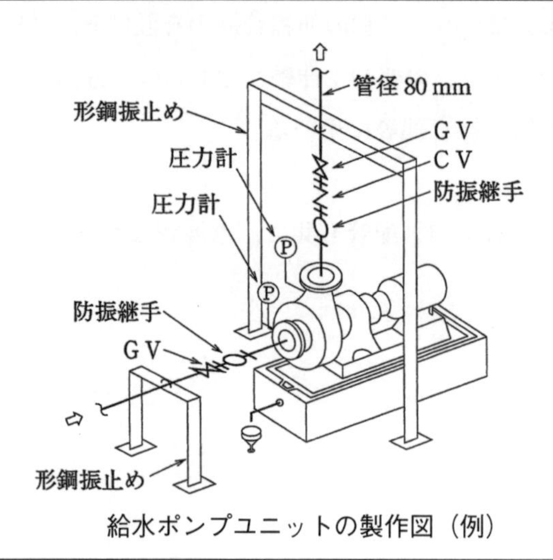

給水ポンプユニットの製作図（例）

給水ポンプユニットの製作図の審査事項についての記述で、**不適当なもの**はどれか。

(1) 配管の材質、管径、長さ、厚さなどの各寸法について、自社の基準に基づき作成したチェックリストで照合した。

(2) ポンプと給水管の接合は、給水管の勾配が適正な上り勾配であることを確認した。

(3) ポンプの吐出側には、吐出口から防振継手、逆止弁、仕切弁とした。

(4) ポンプの架台と基礎の間に防振措置がなされていて、基礎に安定よく取り付けてあることを確認した。

正 解　(1)

ポイント解説

(1) **不適当**：自社基準でなく仕様書（設計図書）に基づいてチェックリストを作成する。

(2) **適 当**：正しい。

(3) **適 当**：正しい。

(4) **適 当**：正しい。

3-4 高置タンク方式の揚水用渦巻ポンプの単体試運転調整

高置タンク方式の揚水用渦巻ポンプの単体試運転では、ポンプの構造的な寸法の精度とポンプの正常な発停やウオータハンマー及び騒音・振動などの性能確認調整事項の代表的なものは次のようである。

視点	高置タンク方式の揚水用渦巻ポンプの単体試運転調整における確認・調整事項
ポンプの機能	ポンプを手で回し、回転むらの有無や、グランドパッキンの締め具合を確認する。
	軸受けの注油が適切であることを確認する。
	カップリング（ポンプとモーターの両軸結合部）の水平度を確認する。
	瞬時運転を行い、回転方向が正しいことを確認する。
ポンプの性能	吐出弁を閉めてからモーターを起動し、吐出弁を徐々に開き、規定水量に調整する。
	呼び水を注水し、エア抜きを行い、ポンプが満水になっていることを確認する。
	運転中に設備からの異常音・異常振動がないことを確認する。
	ポンプの水位電極による発停・警報の状態を確認する。

高置タンク方式の揚水用渦巻ポンプの単体試運転の記述のうち、**不適当なもの**はどれか。

(1) 水車とモーターとのカップリングと水平度を確認した。

(2) ポンプを手元スイッチで回転させ、残留物がなく円滑に回わる方向を確認した。

(3) 高置水槽電極の信号により、ポンプが正常に発停することを確認した。

(4) ポンプ停止時に、ウオーターハンマー現象の生じないことを確認した。

正解 (2)

ポイント解説

(1) **適当**：正しい。

(2) **不適当**：ポンプの回転やポンプ内の残留物の有無を確認するためには、手で触れてポンプ内の残留物の有無を確認する必要があり、手でその回転の円滑さを感じる必要がある。このため、手元スイッチで回転させない。

(3) **適当**：正しい。

(4) **適当**：正しい。

3-5 飲料用高置タンクの据え付けの施工

飲料用の高置タンクを据え付けるときは、①据付け基礎、②据付け位置、③据付け組立の視点から考える。その要点は、次のようである。

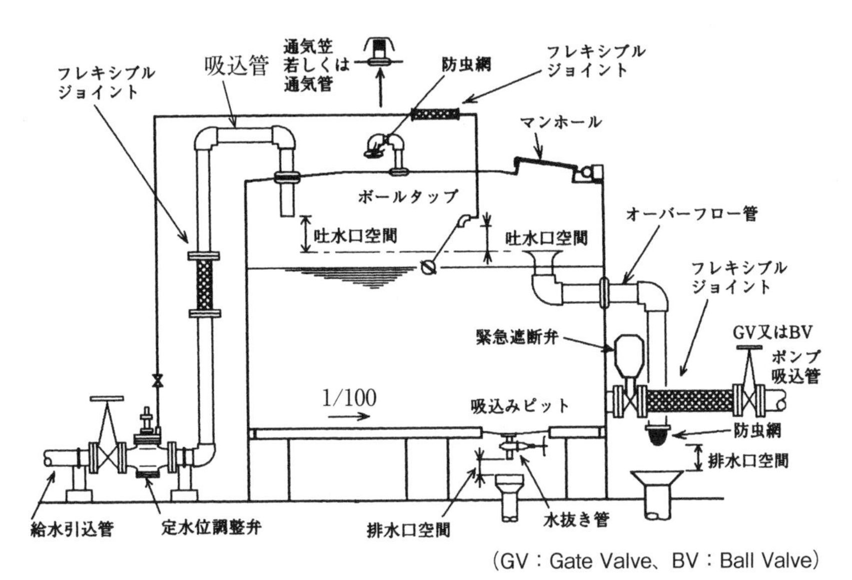

給水タンクの配置図

視点	No.	高置タンクの据付けにおける施工上の留意事項
据付け基礎	①	高置タンクの下部に、600mm以上の高さの作業空間を確保できるよう、架台を除いた基礎コンクリートの高さは、500mm以上とする。
	②	高置タンクは、基礎コンクリートに固定する。その際、ボルトを用いて十分に締め付ける。
据付け位置	①	高置タンクの上面から天井までの距離は1m以上、下面から床までの距離は60cm以上、側面から壁までの距離は60cm以上とする。
	②	逆サイホンとならないよう、オーバーフロー管には、150mm以上の排水口空間を確保する。給水管とは吐水口空間を確保する。
	③	高置タンクの上面と天井との間には、できる限り、高置タンクの配管以外のものを配置しないようにする。
据付け基礎	①	高置タンク回りでは、配管の重量が高置タンクに直接かからないよう、配管を床で支持する。
	②	オーバーフロー管には防虫網を張り、排水口空間を設ける。
	③	高置タンクの上部に厨房用排気ダクトが通っているときは、油等を受けるための受皿を設ける。

飲料用の高置タンクを据え付けるときの施工上の留意点について、**不適当なもの**はどれか。

(1) 高置タンクの下部には、保守点検用として高さ300mm以上の作業空間を設けた。

(2) オーバフロー管には、150mm以上の排水口空間を確保し、管端には防虫網を取り付けた。

(3) 給水管と吸込管にはフレキシブルジョイントを用い耐震性を確保した。

(4) 高置タンク回りでは、配管重量がタンクに直接かからないよう、配管を床で支持した。

(5) タンク清掃用の吸込ピットの排水は、排水管と直接接合した。

正 解　(1)・(5)

ポイント解説

(1) **不適当**：高置タンクの下部空間は600mm以上を確保する。

(2) **適 当**：正しい。

(3) **適 当**：正しい。

(4) **適 当**：正しい。

(5) **不適当**：吸込ピットからの排水は、排水口空間をとり間接排水とする。

③-6 強制循環式給湯設備の給湯管の施工

強制循環式給湯設備の給湯管の施工は①配管方式、②配管接合、③配管支持、④配管テストの視点から施工の留意事項を考える。

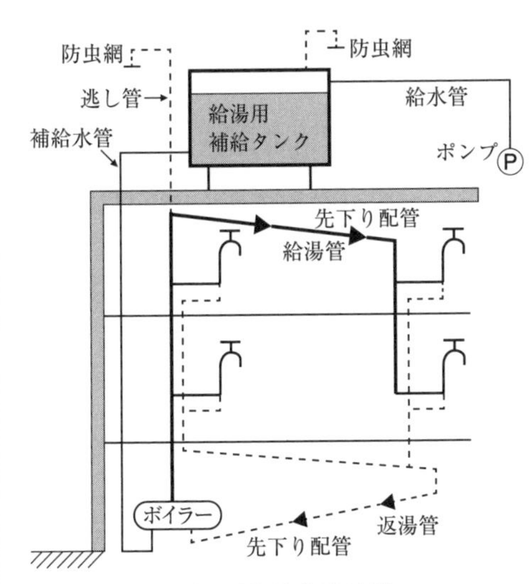

下向き循環式配管法

上向き循環式配管法

視点	No.	留意事項
配管方式	①	上向式・下向式の分類を仕様書で確認し、所定の勾配で配管する。
	②	下向き循環方式の場合は、給湯管・返湯管ともに先下り勾配とする。
	③	上向き循環方式の場合は、給湯管は先上り勾配とし、返湯管は先下り勾配とする。
	④	返湯管の管径は、給湯管の 1/2 程度とする。
	⑤	加熱して膨張した水による水圧を、膨張タンクに向けて逃がせるようにする。
	⑥	給湯管からの枝管の取り出しは、横走り管の上部から行う。
	⑦	鳥居配管となるときは、横走り管の頂部に空気抜き弁を設ける。
配管接合・支持	⑧	管径が異なる配管を接合するときは、径違いソケット（レジューサー）を使用する。
	⑨	主管の継手は、保守改修が容易にできるよう、フランジ継手とする。
	⑩	配管は、その荷重がボイラーやポンプに直接かからないよう、スラブ上に受台を設けて支持する。
	⑪	熱による給湯管の伸縮に対応できるようにするため、長い直管部にはスリーブ又はベローズの伸縮管継手を設ける。
	⑫	横引きした給湯配管の吊りボルトが短い場合には、管の熱伸縮による曲げ応力が吊りボルトに作用しないよう、継ぎ足しフックや鎖などで吊り支持する。
配管テスト	⑬	水圧試験は、管を保温材で被覆する前に実施する。
	⑭	水圧試験における試験圧力は、1.75MPa とする。水圧試験は、埋戻して隠ぺいする前に行う。試験圧力は、60 分間保持する。
湯沸器	⑮	口火バーナー（パイロットバーナー）が点火することを確認し、口火安全装置が作動したときに口火バーナーが停止することを確認する。
	⑯	貯湯式給湯設備では、ボールタップの作動を確認し、温度調節器の水温と再点火温度を調節する。
	⑰	ガスバーナーと換気用送風機とが連動することを確認する。

強制循環式給湯設備の給水管の施工について**不適当なもの**はどれか。

(1) 下向き循環方式も上向き循環方式も共に返湯管は先下り配管とした。

(2) 給湯管径と返湯管径とは口径が異なるため、両配管の接合部にはレジューサ（異形管）を用いた。

(3) 熱による伸縮を吸収するためフレキシブル管を用い、長い直管部の熱ひずみを吸収した。

(4) 給湯管の水圧テストは保温材を取付け完了した配管について行った。

(5) 配管の水圧テストは圧力を1.75MPaとして試験して漏水のないことを確認した。

(6) ガスバーナーと換気用送風機とが連動して運転状態になることを確認した。

正 解 (3)・(4)

ポイント解説

(1) **適 当**：正しい。

(2) **適 当**：正しい。

(3) **不適当**：給湯配管の熱による伸縮は伸縮管継手（スリーブ形又はベローズ形）を用いる。フレキシブルジョイントはタンクと配管の接続部に用いる耐震用の継手である。

(4) **不適当**：保温材は、水圧テストの終了後、漏水のないことを確認してから取り付ける。

(5) **適 当**：正しい。

(6) **適 当**：正しい。

第４章 「ネットワーク計算」 問題解説

④－１ クリティカルパスとタイムスケール

問題１ 次の **設問１** と **設問２** について答えよ。

設問１ 下図に示すネットワーク工程表のクリティカルパスを作業名で示したもので、**適当なもの**はどれか。

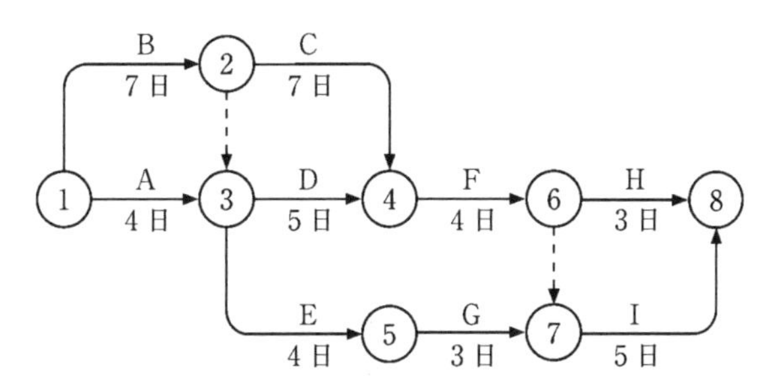

(1) A→D→F→H

(2) A→E→G→C

(3) B→D→F→H

(4) B→C→F→I

正 解 (4)

ポイント解説

(4) **適 当**：B→C→F→Iがクリティカルパスである。

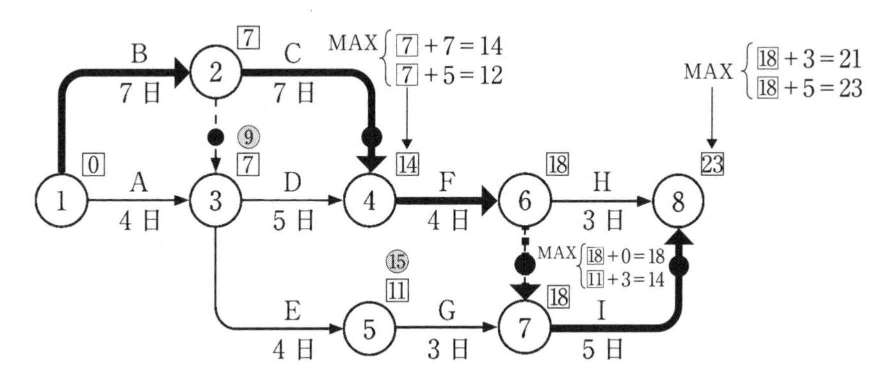

設問2 上図のネットワーク工程表において、作業D、作業E、作業Iのフリーフロートの組み合わせで**適当なもの**はどれか。

	作業D	作業E	作業I
(1)	2日	4日	0
(2)	0	2日	2日
(3)	2日	0	0
(4)	0	0	0

正解 (3)

ポイント解説

各作業のフリーフロートは、作業D：⑭－(⑦＋5)＝2日　作業E：⑪－(⑦＋4)＝0
作業I：㉓－(⑱＋5)＝0

4-2 タイムスケールと山積図

問題 2 下図のネットワーク工程表の工期 19 日間のタイムスケールから山積みグラフを作り下図の最早開始時刻での山積最大人数を求めると何人となるか、**適当なもの**はどれか。

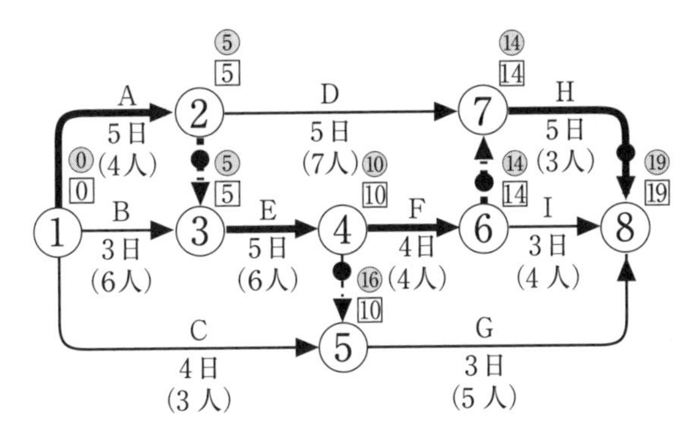

(1) 8 人

(2) 9 人

(3) 13 人

(4) 15 人

正　解　(3)

ポイント解説

最早開始時刻による山積み図の描写

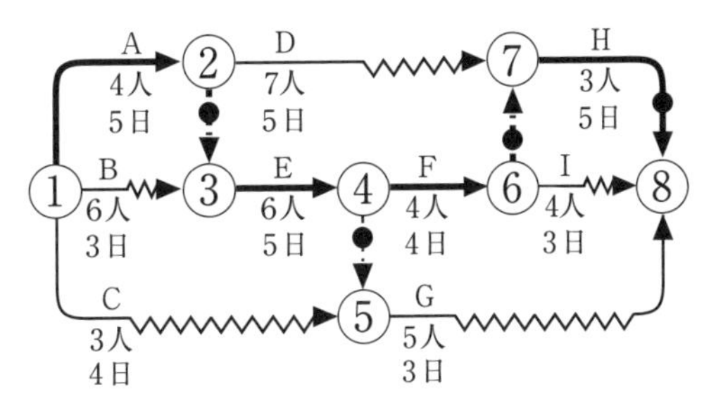

最早開始時刻を基準として、最初にクリティカルパスの作業（A・E・F・H）を積み上げ、次にクリティカルパス以外の作業（C・G・B・I・D）を積み上げる。ネットワーク工程表と山積み図の関係は、次図のように表される。最大人数は 13 人である。よって、(3) が適当。

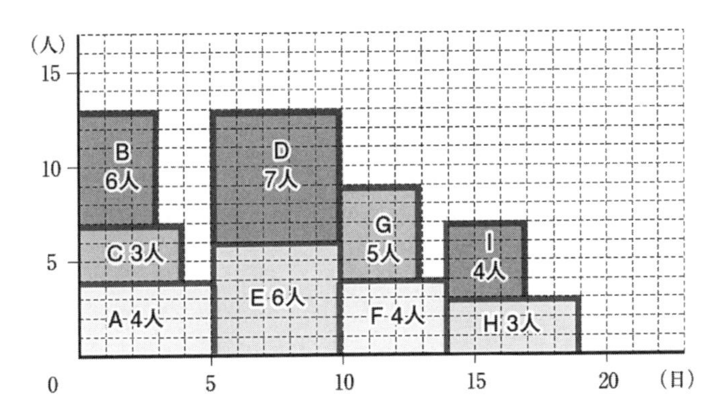

④-3 フォローアップ計算

問題3 あるネットワーク工程表を計算したところ、下図のようであった。

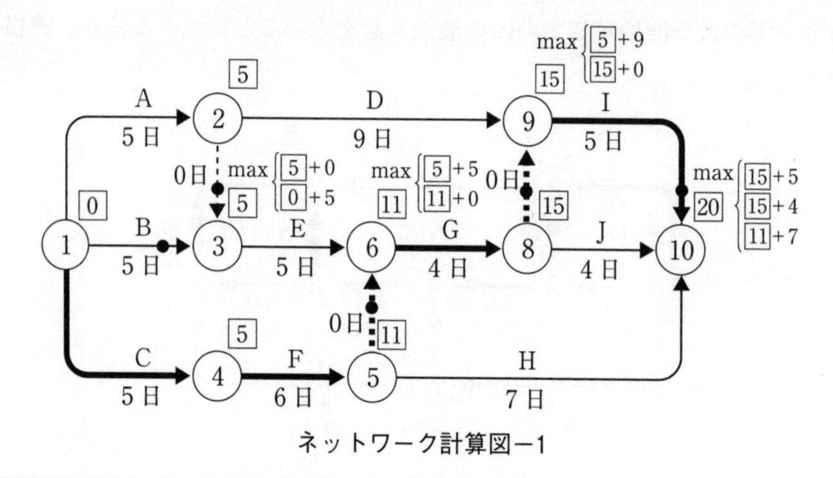

ネットワーク計算図－1

次の (1) 及び (2) の事実が作業開始後に判明し、図－1のネットワーク工程表の一点鎖線で囲んだ部分の変更が必要となった。図－2の変更後のネットワーク工程表を完成させたとき、その工期の**適当なもの**はどれか。

(1) 作業Dを前期と後期に分割する必要が生じ、前期の作業D1は3日、後期の作業D2は6日となった。また、後期の作業D2は、イベント⑥の後でなければ開始できないこととなった。この際、作業D1と作業D2の間のイベントを⑦とする。

(2) 作業Gが5日となった。

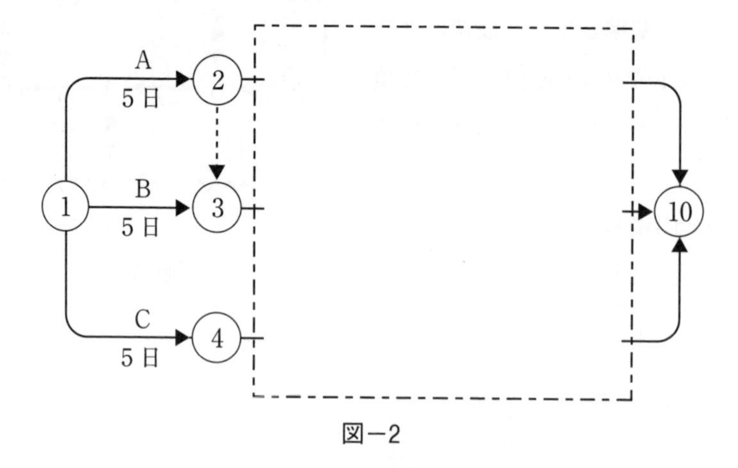

図－2

(1) 20日

(2) 21日

(3) 22日

(4) 23日

正　解　(3)

ポイント解説

作業Dを作業D1の3日と作業D2の6日に分割してその分割した位置のイベントは⑦であるから図のようになり、作業Gを5日として最早開始時刻を計算して工期は22日であり（3）が適当。

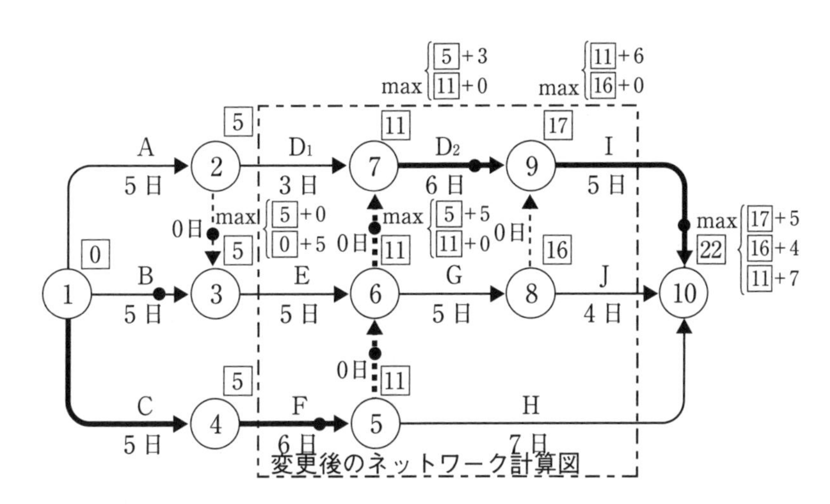

変更後のネットワーク計算図

4-4 タイムスケールと山積図の読図

問題 4 あるネットワーク工程表のタイムスケールを基に最早開始時刻（EST）について、山積図を描くと下図のようになった。この山積図より、10日目の作業員数は7人である。次に最遅完了時刻（LFT）の山積図を描いたとき、10日目の作業員数のうち、**適当なもの**は次のうちどれか。

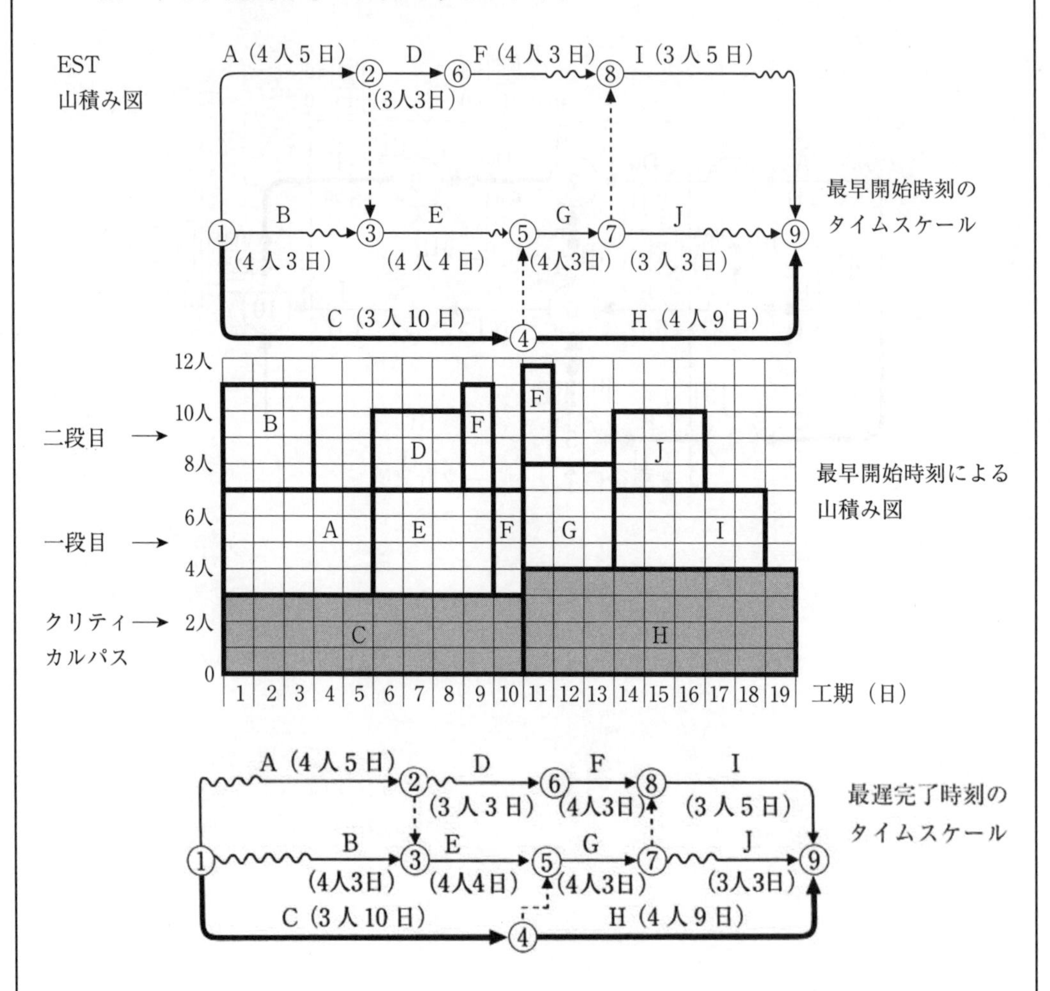

(1) 12人

(2) 11人

(3) 10人

(4) 7人

正　解　(3)

最遅完了時刻の山積図より、10 日目の人数は 10 人であり、(3) が適当。

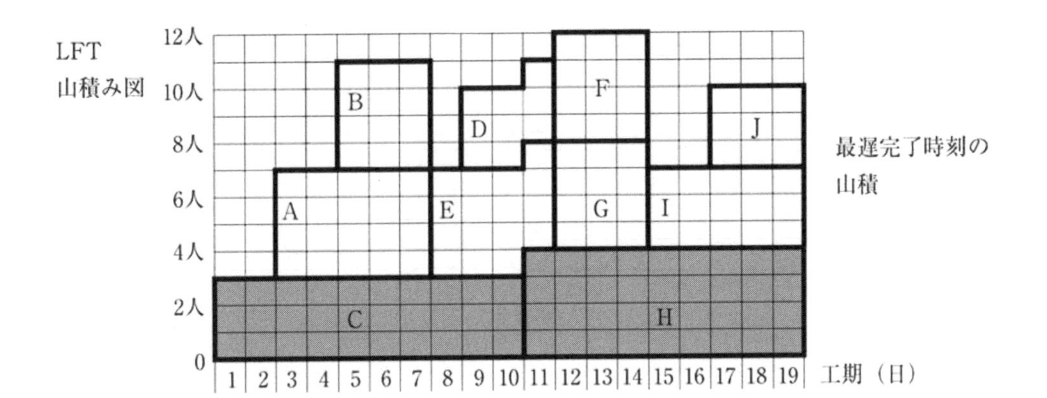

4-5 フロート・タイムスケール・日程短縮

問題5 図－1のネットワーク工程表において、次の 設問1 ～ 設問3 に答えよ。

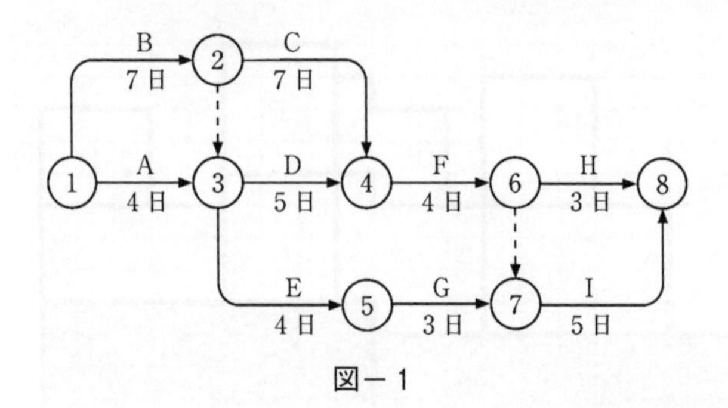

図－1

設問1 図－1のネットワーク工程表の工期のうち**適当なもの**はどれか。

(1) 21日

(2) 22日

(3) 23日

(4) 24日

設問2 図-1のネットワーク工程表のフリーフロートの最大値の日数は次のうち**適当なもの**はどれか。

(1) 1日

(2) 2日

(3) 3日

(4) 4日

設問3 図-1のネットワーク工程表の作業Fが3日間遅れた場合，工期の遅れのうち**適当なもの**はどれか。

(1) 0日

(2) 1日

(3) 2日

(4) 3日

ネットワーク計算

正　解　設問１ は（3）、設問２ は（4）、設問３ は（4）

ポイント解説

タイムスケールを描いてみると次図のようになる。

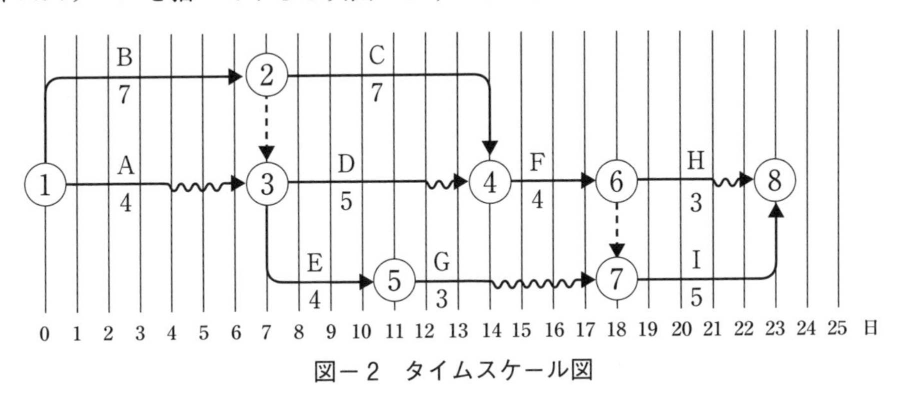

図－２　タイムスケール図

設問１ ：タイムスケールより工期 23 日

（3）が適当。

設問２ ：作業 G がフリーフロート 4 日で最大

（4）が適当。

設問３ ：作業 F はクリティカルパスで 3 日遅れると工期が 3 日遅れる。

（4）が適当。

4-6 クリティカルパスと山積図

問題6 下図のネットワーク工程表について、次の設問に答えよ。

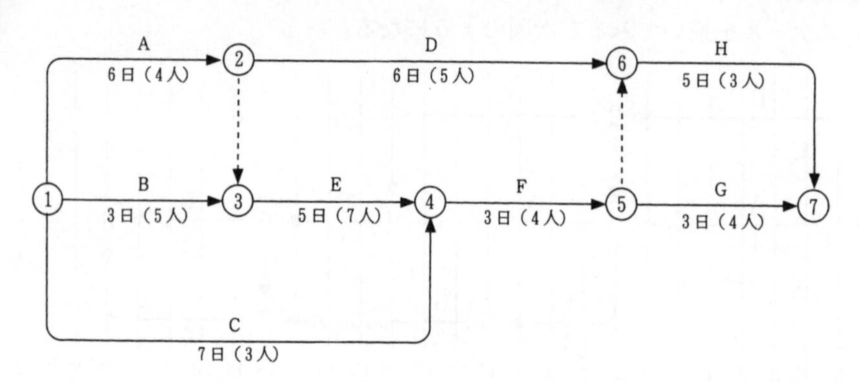

設問1 ネットワーク工程表のクリティカルパスは作業名で表わすと、次のうちどれか**適当なもの**はどれか。

(1) A → D → H

(2) A → E → F → H

(3) A → E → F → G

(4) C → F → H

設問2 ネットワーク工程表の最遅完了時刻の山積図における最大数と最少人数の組み合せで最も**適当なもの**はどれか。

最小　最大

(1) 3人と12人

(2) 3人と15人

(3) 4人と12人

(4) 4人と15人

正　解　**設問1** は (2)、**設問2** は (2)

ポイント解説

設問1 ：タイムスケールより A → E → F → H である。

(2) が適当。

設問2 ：最遅完了時刻の山積図より最小3人，最大15人である。

(2) が適当。

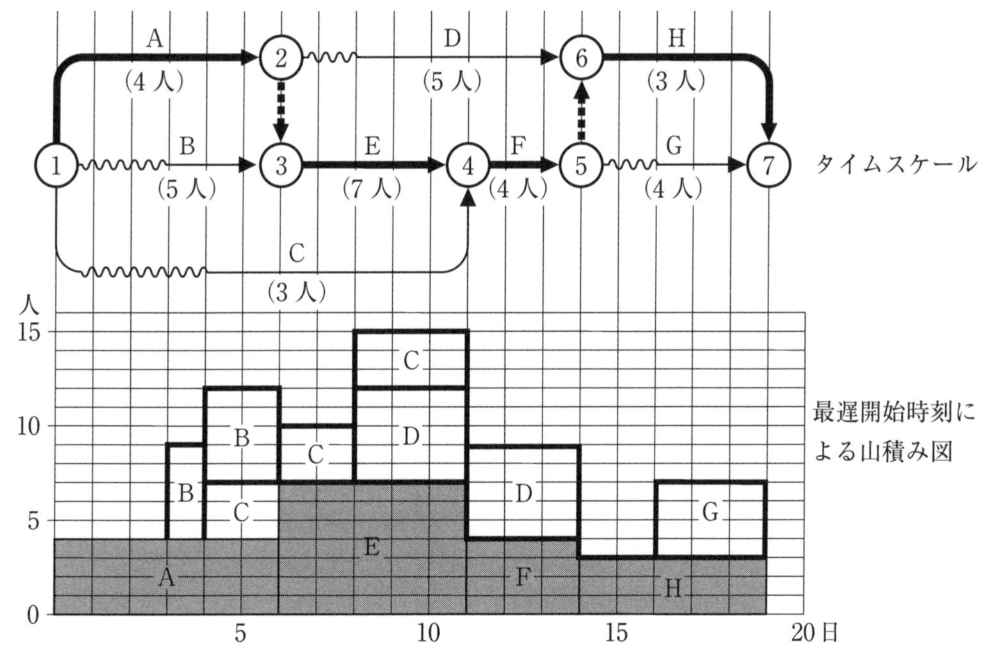
A
(4人)
D
(5人)
H
(3人)
B
(5人)
E
(7人)
F
(4人)
G
(4人)
C
(3人)
1
2
3
4
5
6
7
タイムスケール
人
15
10
5
0
5
10
15
20日
最遅開始時刻による山積み図
山積（最遅完了時刻又は最遅開始時刻）

管工事応用能力　問題解答例（参考資料）

1　施工要領図応用能力　問題・解答例

2　空気調和設備応用能力　問題・解答例

3　給排水設備応用能力　問題・解答例

4　ネットワーク計算応用能力　問題・解答例

本編は第二次検定の要約集としてもご利用ください。

第Ⅲ編の動画解説はありません

1 施工要領図応用能力　問題・解答例

1-1	(1) ループ通気管　(2) 共板フランジ工法ダクトの押え金具　(3) 屋外排水路 (4) 伸縮継手　(5) 排気ダクト防火区画貫通

問題1 次の 設問1 ～ 設問3 の答えを解答欄に記入しなさい。

設問1 ループ通気管・通気立て管の配置

(1)に示す排水系統図中に、**ループ通気管及び通気立て管を破線**で記入しなさい。

(1)排水系統図

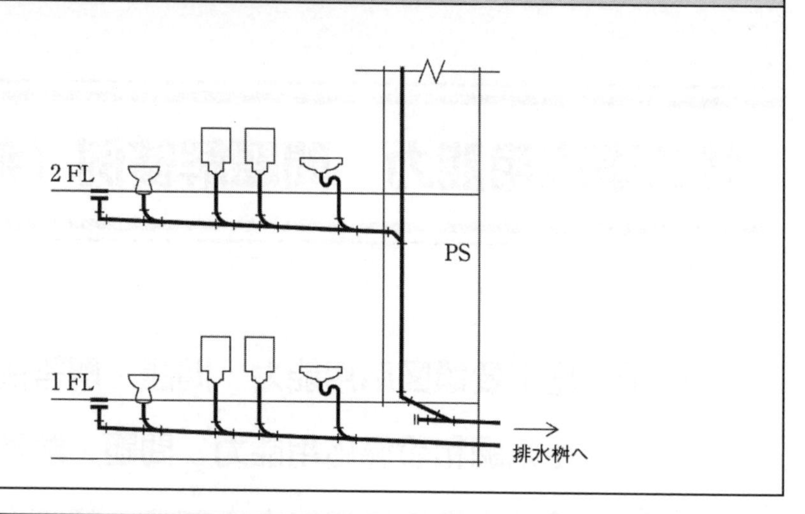

設問1 ループ通気管・通気立て管の配置　**解答・解説**

解答例

(1)

(1)排水系統図

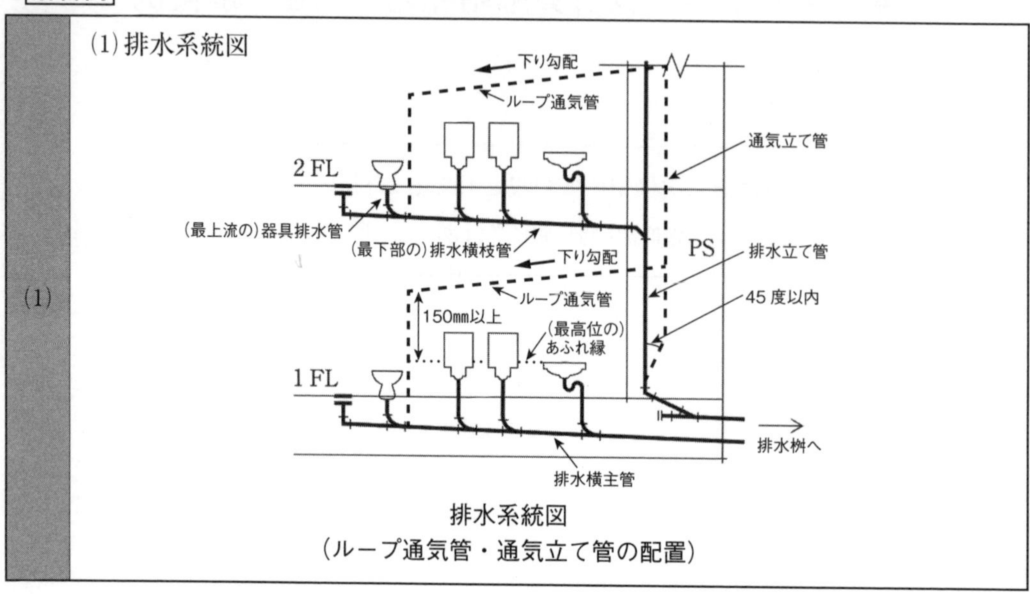

排水系統図
(ループ通気管・通気立て管の配置)

設問2 共板フランジ工法ダクトの押え金具の取付け間隔

(2)に示す共板フランジ工法ダクトのフランジ部において、**フランジ押え金具の取り付け間隔A（フランジ押え金具からフランジ押え金具までの間隔）、B（ダクト端部からフランジ押え金具までの間隔）の上限の数値**を記述しなさい。（単位はmmとする。）

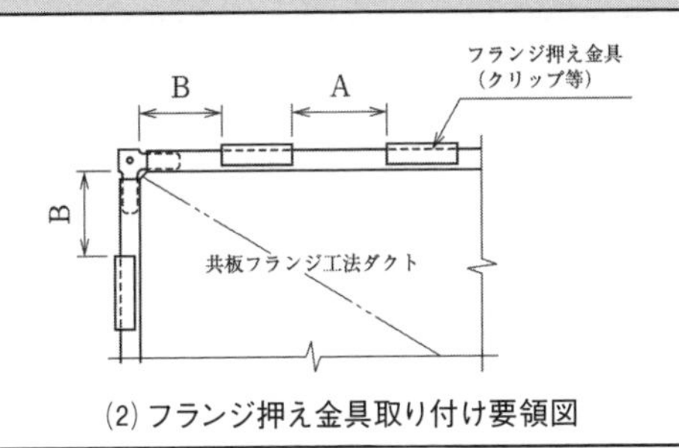

(2) フランジ押え金具取り付け要領図

設問2 共板フランジ工法ダクトの押え金具の取付け間隔 **解答・解説**

解答例

(2)	間隔A（フランジ押え金具からフランジ押え金具までの間隔）の上限	200mm
	間隔B（ダクト端部からフランジ押え金具までの間隔）の上限	150mm

設問3 施工要領図の適切でない部分の改善策

(3)〜(5)に示す各図について、**適切でない部分の改善策**を具体的かつ簡潔に記述しなさい。

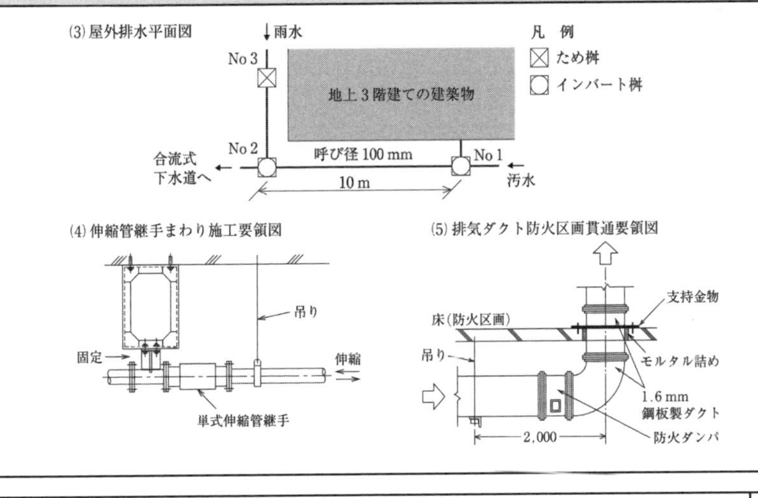

設問3 施工要領図の適切でない部分の改善策 **解答・解説**

解答例

(3)	雨水管の途中にあるNo.3のため桝を、トラップ桝に変更する。
(4)	単式伸縮管継手の右側を、直接の吊り支持とはせず、伸縮用ガイドで支持する。
(5)	防火ダンパは、床（防火区画）から４本の吊りボルトで支持する。

1-2	(1) 2台並列ポンプ揚程曲線　(2) ループ通気管　(3) 吹出口シャッター (4) 冷温水管保温　(5) 消火栓設備加圧ポンプ配管

問題 1　次の 設問 1 及び 設問 2 の答えを解答欄に記入しなさい。

設問 1　2台のポンプを並列運転した場合の揚程曲線と吐水量

(1)に示す図について、(イ)及び(ロ)の答えを解答欄に記入しなさい。

（イ）図－1に示す特性のポンプを、図－2のように2台同時に並列運転した場合の揚程曲線を記入しなさい。ただし、抵抗曲線は変化しないものとする。
（ロ）（イ）の並列運転の場合、1台当たりのポンプの水量[L/min]を記入しなさい。

(1)　ポンプの特性曲線及びポンプ2台の並列運転図

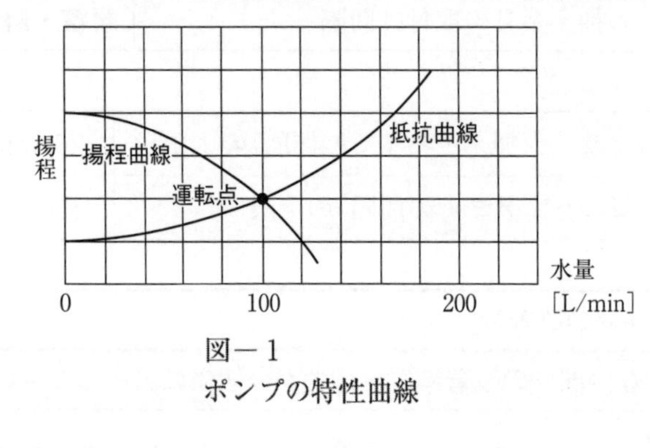

図－1
ポンプの特性曲線

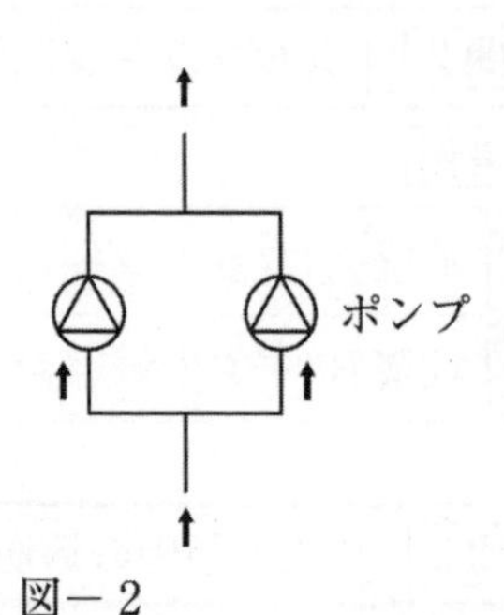

図－2
ポンプ2台の並列運転図

設問 1	2台のポンプを並列運転した場合の揚程曲線と水量	解答・解説

解答例

（イ）

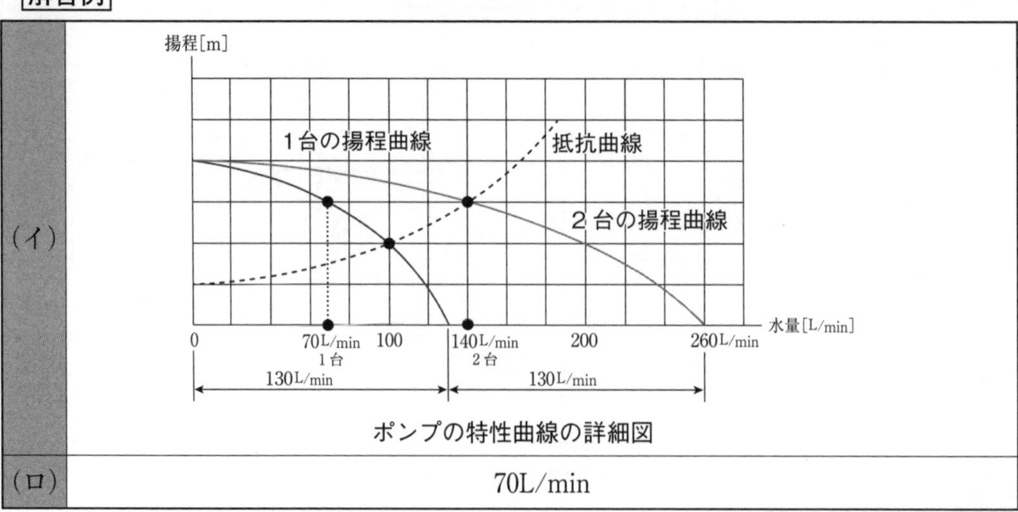

ポンプの特性曲線の詳細図

（ロ）　70L/min

設問 2 施工要領図の適切でない部分の改善策

(2)～(5)に示す図について、**適切でない部分の改善策**を具体的かつ簡潔に記述しなさい。

(2) 洋風便器 8 個を受け持つ排水横枝管の通気方式図

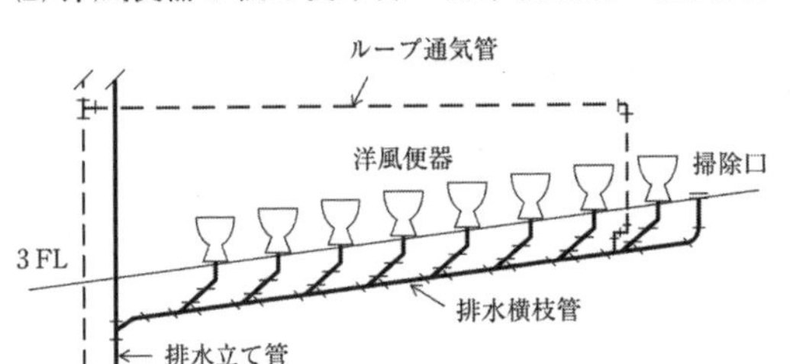

(3) 吹出口取付け要領図

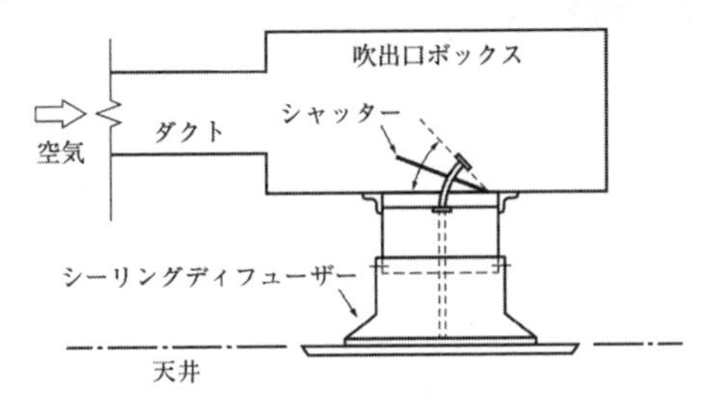

(4) 冷温水管保温要領図（天井内隠ぺい）

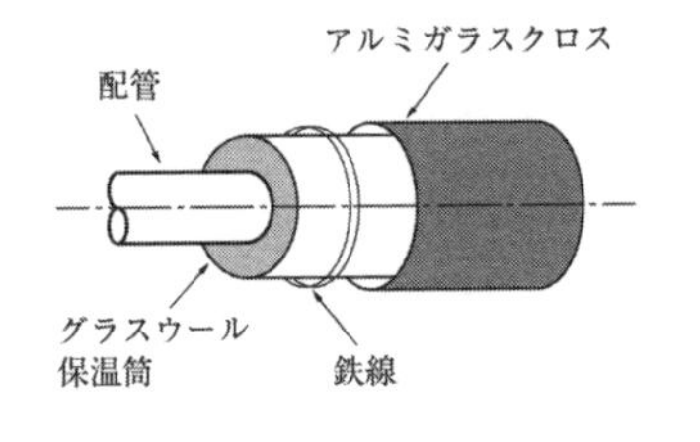

(5) 屋内消火栓設備の加圧送水装置まわり図

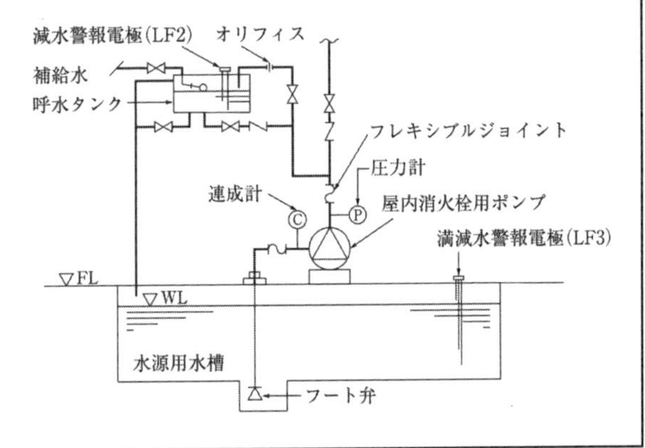

設問 2	施工要領図の適切でない部分の改善策	**解答・解説**

解答例

(2)	排水横枝管の最下流にある洋風便器の直後に、逃し通気管を設ける。
(3)	シャッターの開口部を、空気の流入口とは逆の方向に向ける。（図上では左右反転させる）
(4)	グラスウール保温筒とアルミガラスクロスの間に、ポリエチレンフィルムを1/2重ね巻きする。
(5)	呼水タンクに繋がる配管の上から、瞬間流量計などを設けた試験配管を、水源用水槽まで伸ばす。

1-3 (1) 排水・通気設備系統図　(2) 送風機の制御・調整方法　(3) 冷温水コイル回り配管図　(4) 排水ポンプ回り配管図　(5) 伸縮継手

問題1 次の～の答えを解答欄に記入しなさい。

設問1 排水・通気設備系統図の改善

（1）に示す図の**適切でない部分**のうち、**2か所**について、それぞれの**改善策**を具体的かつ簡潔に記述しなさい。

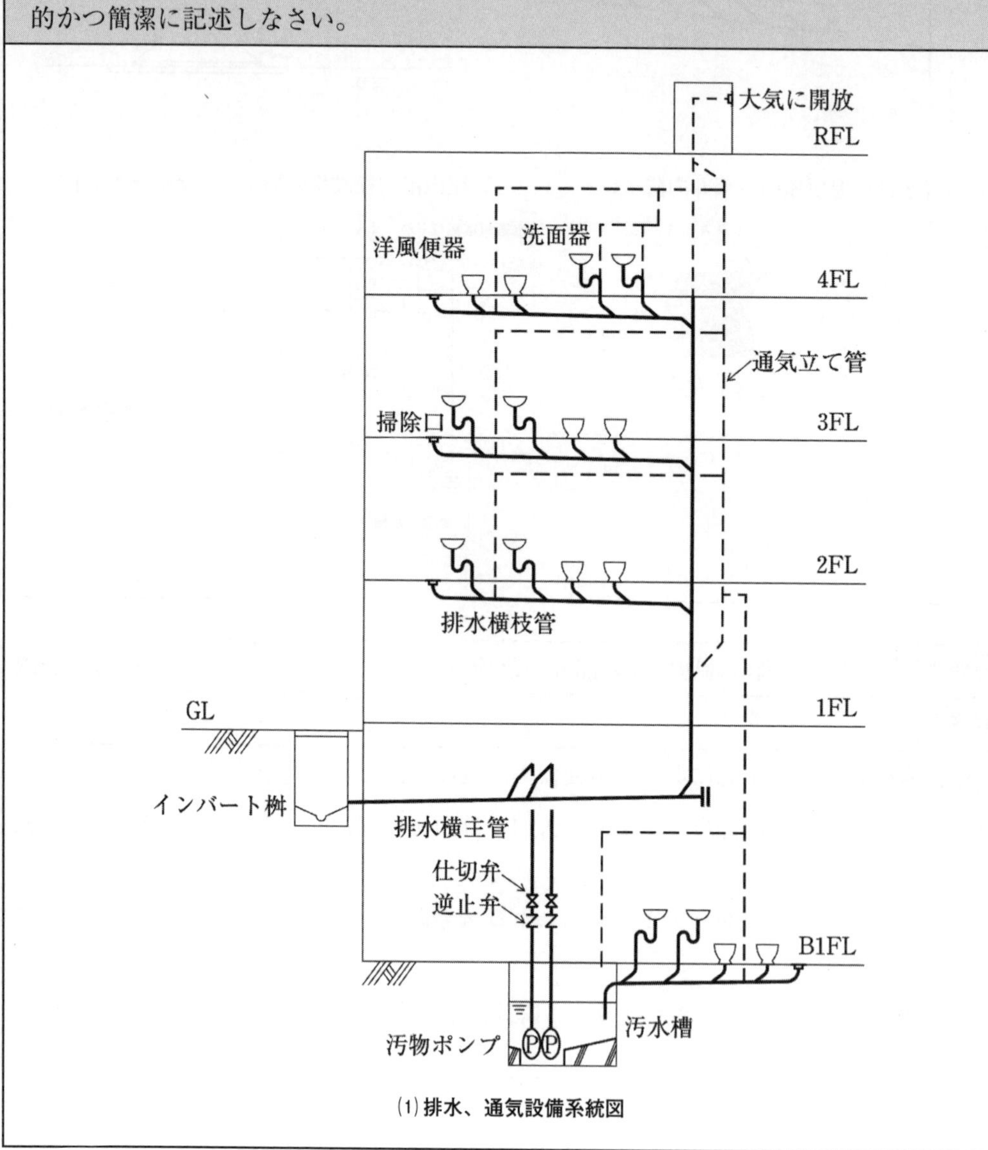

(1) 排水、通気設備系統図

設問 1	排水・通気設備系統図の改善	解答・解説

解答例

	適切でない部分の改善策
①	汚物ポンプに繋がる排水管は、既存の自然流下の排水横主管には接続せず、別系統として設けた排水横主管に接続する。
②	汚水槽からの通気管は、通気立て管には接続せず、単独で大気に開放させる。
③	汚水槽に繋がる排水横主管は、その末端をT字管に変更し、T字管の上端に防虫網を張る。

※（1）に示す図には、適切でない部分が3箇所あるので、そのうち2箇所を選んで解答する。

設問 2	送風機の制御・調整方法

（2）に示す図について、（イ）及び（ロ）の答えを記述しなさい。
（イ）送風機がA点で運転されている場合、設計点Cで運転するように調整する方法を簡潔に記述しなさい。
（ロ）送風機がB点で運転されている場合、設計点Cで運転するように調整する方法を簡潔に記述しなさい。

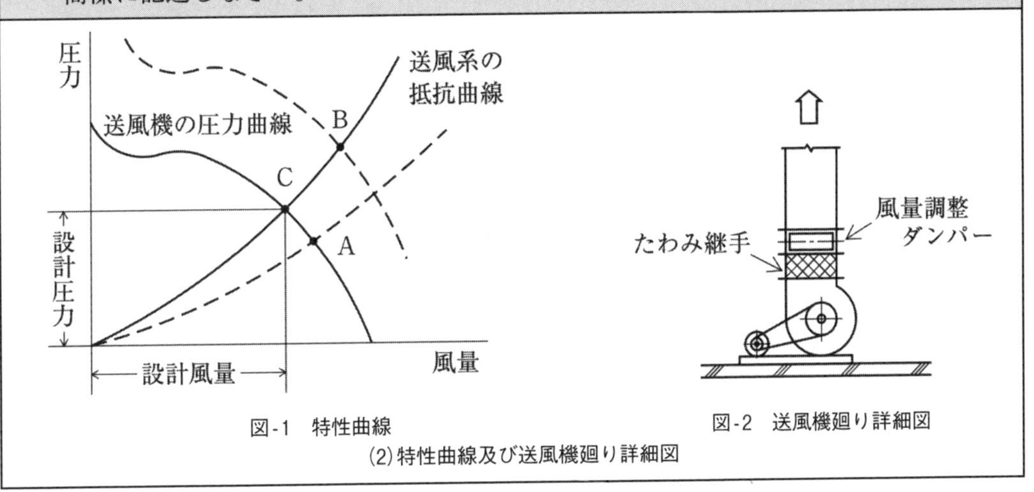

図-1 特性曲線　図-2 送風機廻り詳細図

(2)特性曲線及び送風機廻り詳細図

設問 2	送風機の制御・調整方法	解答・解説

解答例

	設計点Cで運転するように調整する方法
（イ）	風量調整ダンパーを時計回りに回転させ、ダンパーを絞ることで、風量を抑制する。
（ロ）	電動機の回転数を減少させ、送風機の回転を遅くすることで、送風機の送風圧力を小さくする。

設問3 施工要領図の適切でない部分の改善策

(3)～(5)に示す各図について、**適切でない部分の改善策**を具体的かつ簡潔に記述しなさい。

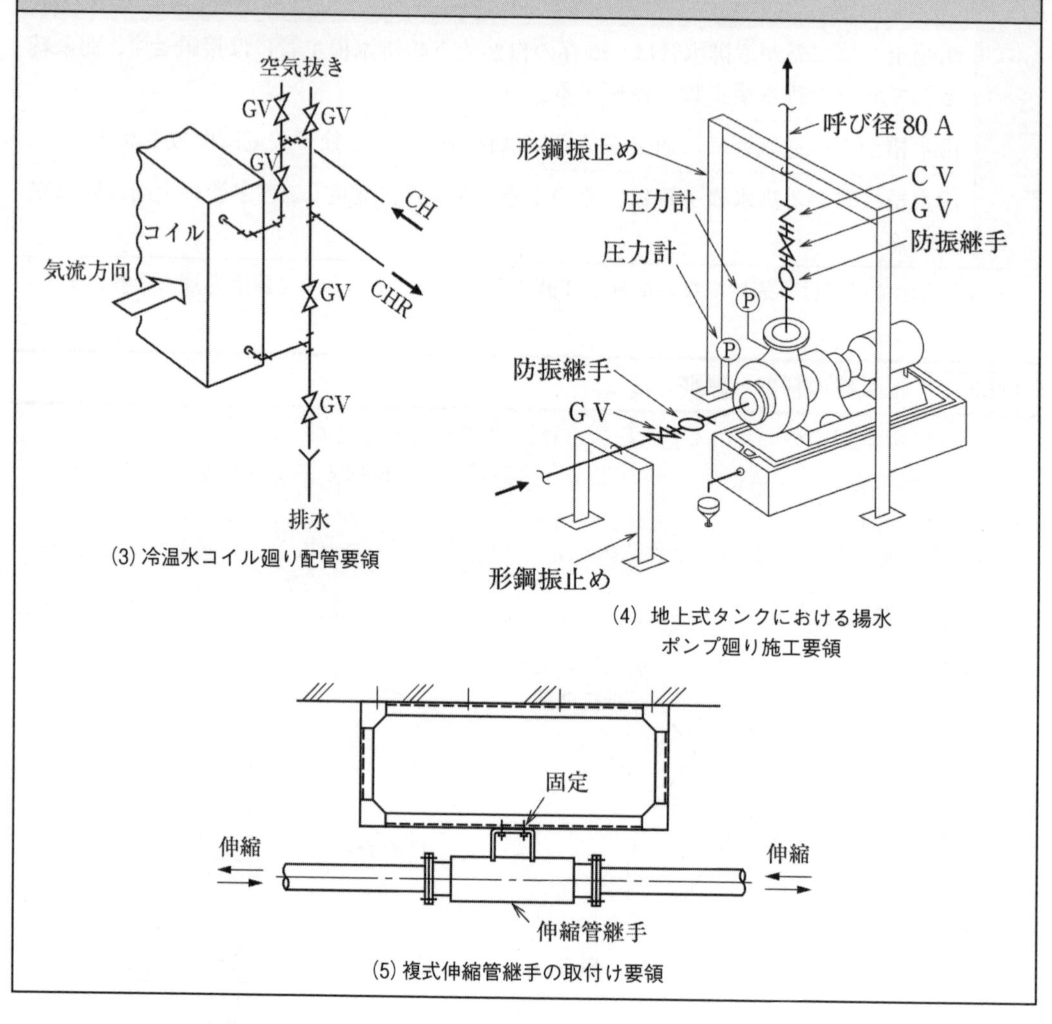

(3) 冷温水コイル廻り配管要領

(4) 地上式タンクにおける揚水ポンプ廻り施工要領

(5) 複式伸縮管継手の取付け要領

設問3	施工要領図の適切でない部分の改善策	**解答・解説**

解答例

図	施工要領図の適切でない部分の改善策
(3)	冷温水の流入配管（CH）と、冷温水の流出配管（CHR）の取付け位置を入れ替える。
(4)	立ち上がり配管に設けられた逆止弁（CV）と仕切弁（GV）の位置を入れ替える。
(5)	複式伸縮手の両側にガイドを設ける。

1-4	(1) アンカーボルト　(2) ダクトダンパー取付け位置　(3) 器具排水管取付け (4) 防火区画貫通配管　(5) ダイレクトリターン方式とリバースリターン方式

問題 1　次の 設問 1 及び 設問 2 の答えを解答欄に記入しなさい。

設問 1　施工要領図の適切でない部分の改善策

(1)～(4) に示す各図について、**適切でない部分の改善策**を具体的かつ簡潔に記述しなさい。

(1) 重量機器のアンカーボルトの施工要領

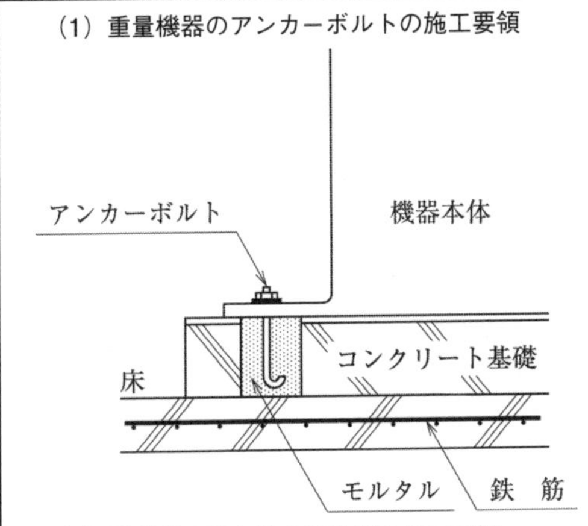

(2) ダクト施工要領

(3) 器具排水管と排水横枝管の施工要領

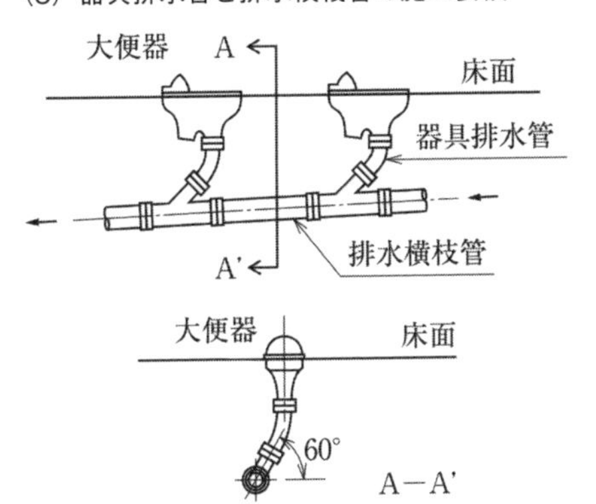

(4) 防火区画を貫通する配管の施工要領

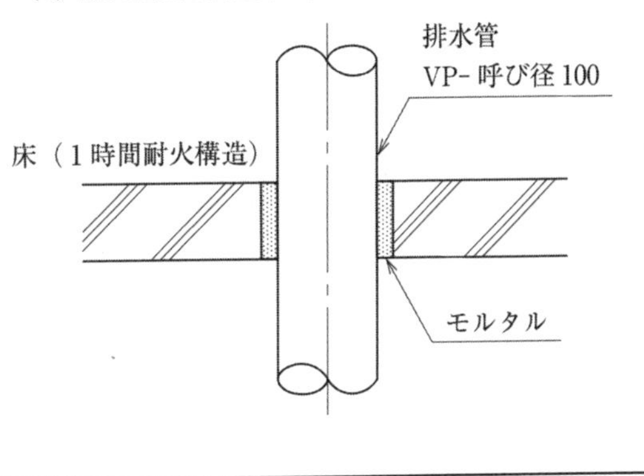

設問 1　施工要領図の適切でない部分の改善策　**解答・解説**

解答例

図	適切でない部分の改善策
(1)	アンカーボルトは、基礎スラブの鉄筋まで延ばし、鉄筋に緊結させる。
(2)	消音エルボの下流側に設けられているダンパ（VD）を、上流側に配置換えする。
(3)	排水横枝管に取り付ける器具排水管の勾配を、水平から45°以内の鋭角にする。
(4)	排水管が防火区画の床を貫通する場合、床の上下1m以内の部分を、塩化ビニル管（VP）ではなく鋼管（SGP）等の不燃材料で被覆する。

設問２	ダイレクトリターン方式とリバースリターン方式

(5) に示すダイレクトリターン方式の配管図を、リバースリターン方式となるように図を変更しなさい。(不要となる部分は、⌒⌒⌒⌒のように記載する。)

また、ダイレクトリターン方式と比較した場合のリバースリターン方式の長所を記述しなさい。

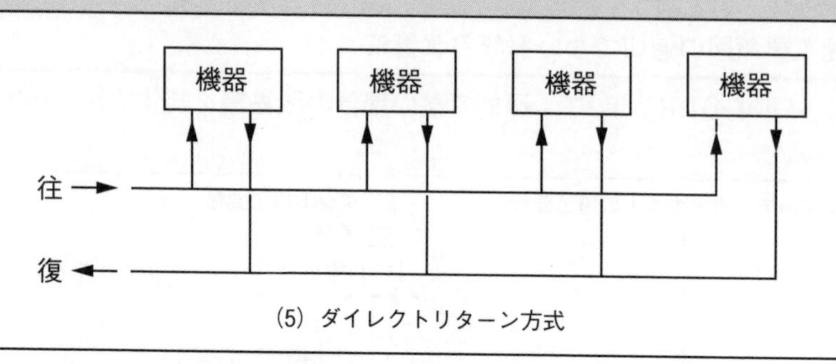

(5) ダイレクトリターン方式

設問２	リバースリターン方式の配管図	解答・解説

解答例

リバースリターン方式となるように変更した図	リバースリターン方式の長所
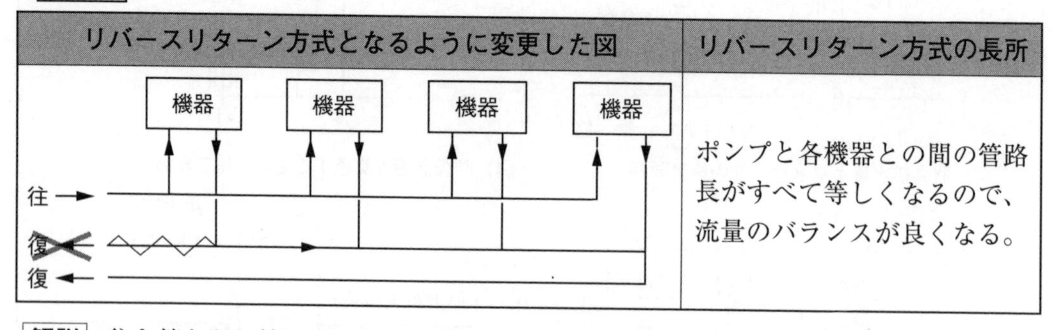	ポンプと各機器との間の管路長がすべて等しくなるので、流量のバランスが良くなる。

解説 往き管と還り管の合計の長さが等しくなるリバースリターン方式の配管は、ダイレクトリターン方式の配管と比べて、機器（放熱器）に対する配管損失が等しくなるため、流量バランスは良くなるが、配管全体の長さが長くなるという欠点もある。

1-5	(1) トラップ封水に生じる現象　(2) 建物エキスパンションジョイント (3) 給水タンクまわり状況図　(4) 天井吊り送風機（呼び番号4） (5) 排気チャンバーまわり図

問題1 次の 設問1 及び 設問2 の答えを解答欄に記入しなさい。

設問1 トラップ封水に生じる現象

(1) に示す図において、(イ) 及び (ロ) の答えを解答欄に記述しなさい。

(イ) 図－1において、多量の排水が排水立て管を流れる時、器具Aの排水トラップに発生するおそれのある現象を記述しなさい。

(ロ) 図－2において、器具Cからの排水により、排水横主管の①部が瞬間的に満流状態になった時に、②部から多量の排水が落下した場合、器具Bの排水トラップに発生するおそれのある現象を記述しなさい。

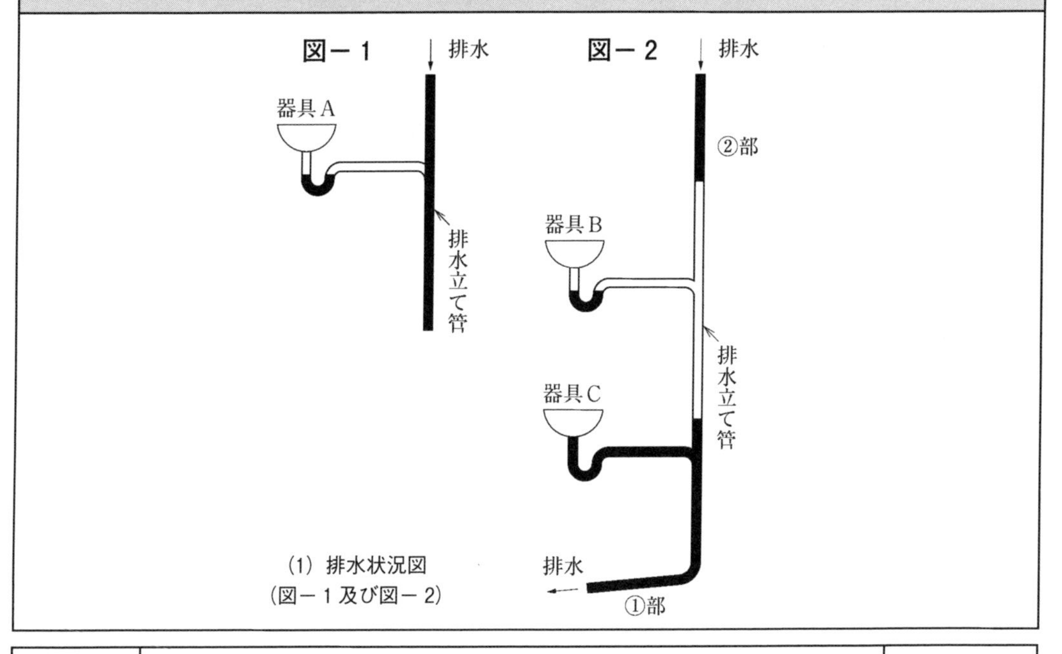

(1) 排水状況図
(図－1及び図－2)

設問1 トラップ封水に生じる現象　**解答・解説**

解答例

	排水トラップに発生するおそれのある現象
(イ)	排水立て管に多量の水が流下することにより、排水横枝管内の空気が吸い込まれて負圧となり、器具Aの封水が吸い出されて失われる**吸出し現象**が発生する。
(ロ)	排水立て管の最下端に高い水圧がかかることにより、排水横枝管内の空気が圧縮され、器具Bの封水が噴き出す**はね出し現象**が発生する。

設問2 施工要領図の適切でない部分の改善策

(2)〜(5) に示す各図において、**適切でない部分の改善策**を具体的かつ簡潔に解答欄に記述しなさい。

(2) 建物エキスパンションジョイント部の配管要領

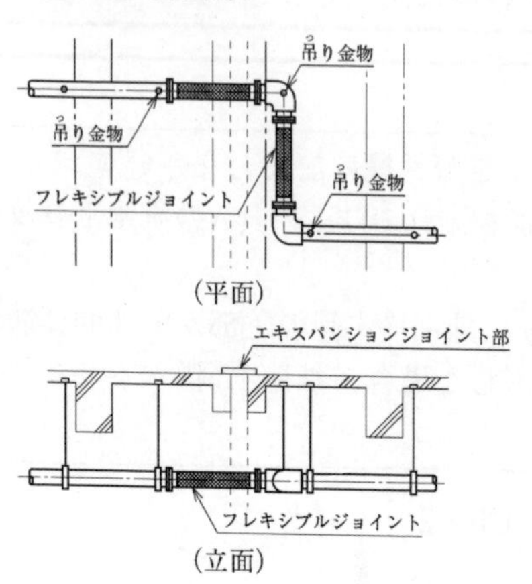

(3) 給水タンクまわり状況図

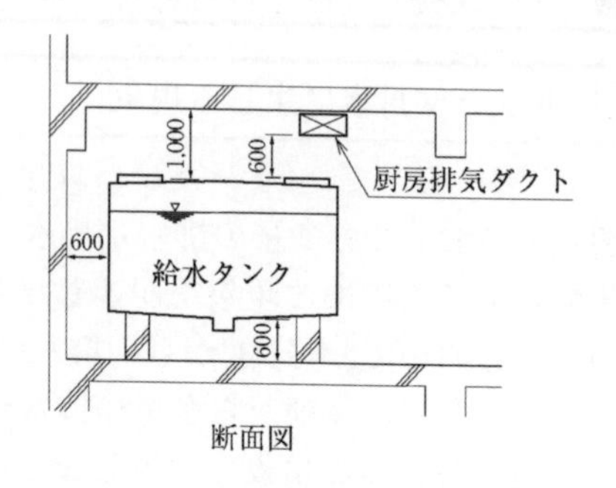

(4) 天井吊り送風機(呼び番号4)の設置要領

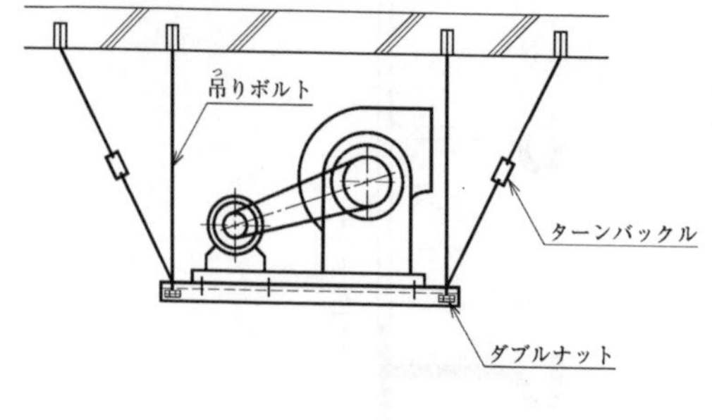

(5) 排気チャンバーまわり状況図

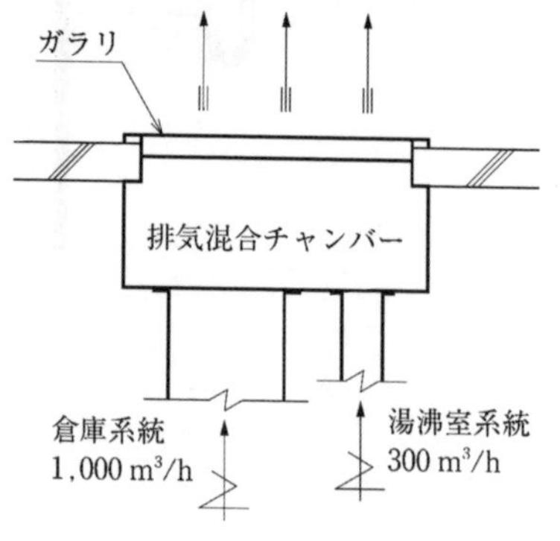

設問2 施工要領図の適切でない部分の改善策 **解答・解説**

解答例

図	施工要領図の適切でない部分の改善策
(2)	吊り金物のみによる支持では不適切なので、両側の建物の梁に、**形鋼などを用いた配管**の固定点を設け、配管の三次元的な移動に追従できるようにする。
(3)	厨房排気ダクトを給水タンクの真上でない場所に**移設**するか、厨房排気ダクトの真下に油滴を受け止めるための**受け皿**を高さ1m以上に設ける。
(4)	呼び番号が2以上の天井吊り送風機は、形鋼で組み立てた**架台に載せ**、架台を天井スラブに**ボルトで固定**する。
(5)	排気混合チャンバー内には、系統別の排気を円滑に行えるよう、各系統間に**隔壁**を設ける。また、各系統のダクト内には、排気を制御するための**ダンパ**を設ける。

1-6	(1) 換気ダクト系統図　(2) 屋内消火栓設備の逃がし管　(3) 伸縮継手 (4) 防振架台　(5) 排水・通気配管系統図

問題1 次の 設問1 ～ 設問3 の答えを解答欄に記入しなさい。

設問1 便所系統の換気ダクトへのダンパーの取付け

(1) に示す図に、防火設備上、適切なダンパーを凡例により記入しなさい。

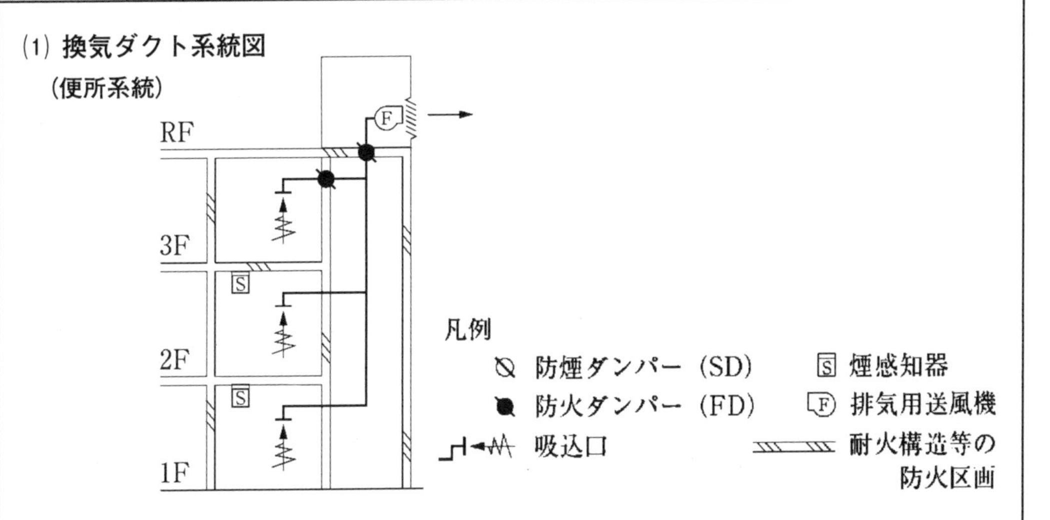

設問1	便所系統の換気ダクトへのダンパーの取付け	解答・解説

解答

便所系統の換気ダクトへのダンパーの取付け

(1)

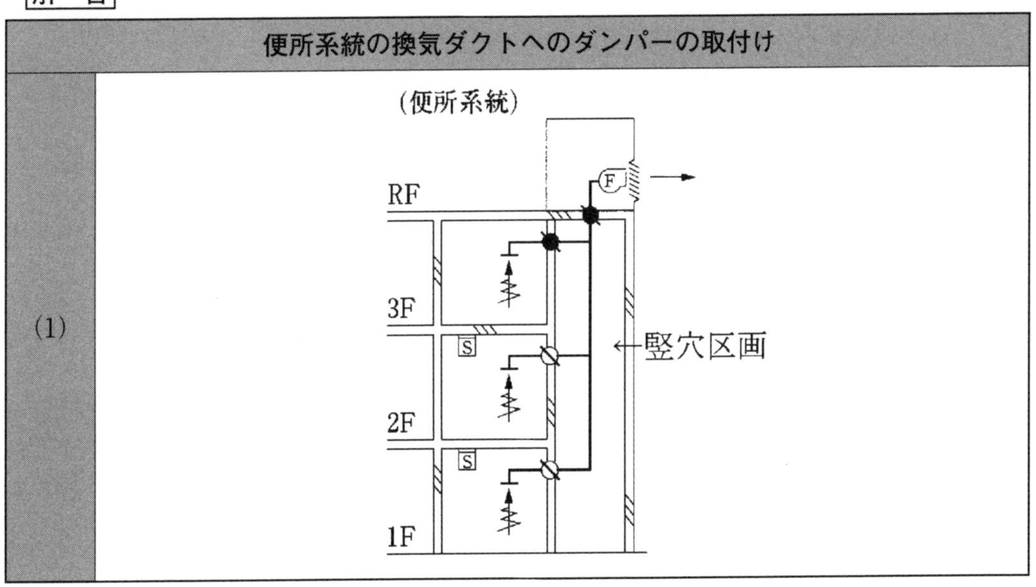

設問2 **屋内消火栓設備の逃がし管（給水系統配管図）**

(2) に示す図について、(イ) 及び (ロ) の答えを解答欄に記入しなさい。

(イ) 逃がし配管を実線で図中に記入しなさい。
(ロ) (イ) の逃がし配管を設ける目的を、簡潔に記述しなさい。

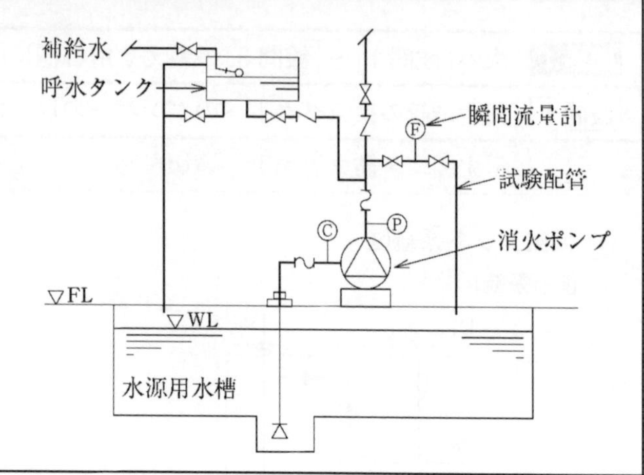

(2) 屋内消火栓設備の加圧送水装置まわり図

設問2 屋内消火栓設備の逃がし管（給水系統配管図） **解答・解説**

解答例

(イ) 逃がし配管の図示
上図のように、呼水タンクの上部に設ける。

(ロ) 逃がし配管の目的
加圧送水装置の締切運転時における水温上昇を防止するため。

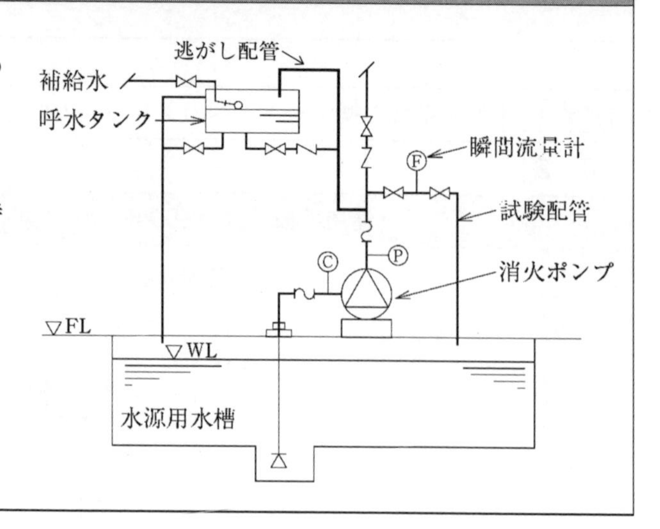

設問3 **施工要領図の適切でない部分の改善策**

(3) から (5) に示す各図において、適切でない部分の改善策を具体的かつ簡潔に記述しなさい。

(3) 単式伸縮管継手の取付け要領図

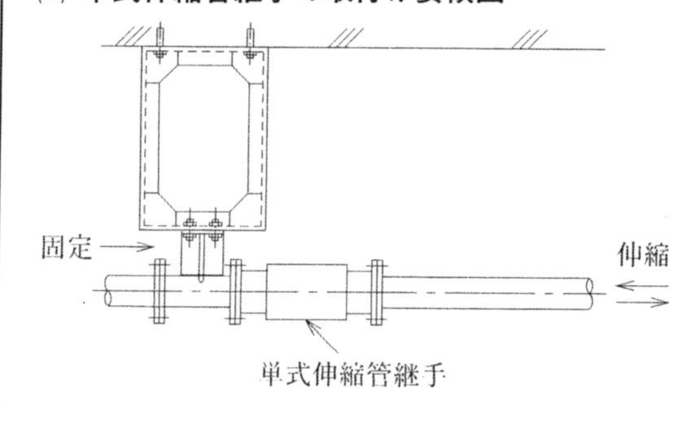

(4) 機器据付け完了後の防振架台

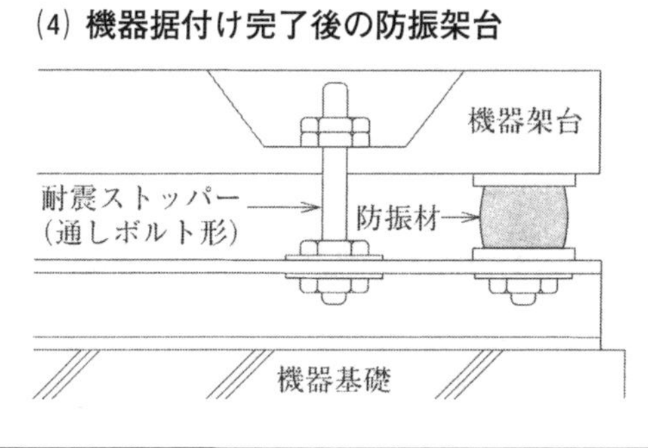

(5) 排水・通気配管系統図

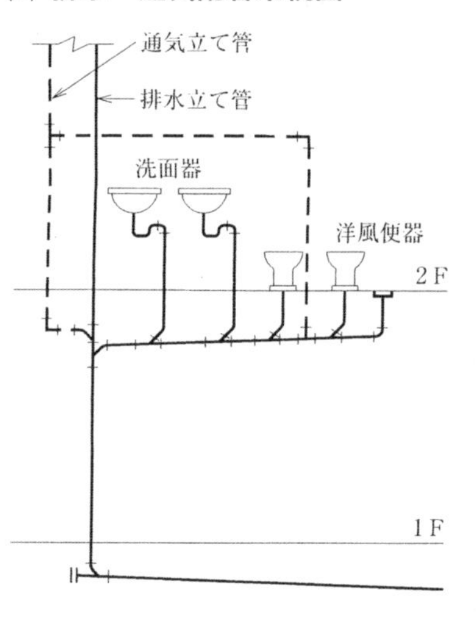

設問3	施工要領図の適切でない部分の改善策	**解答・解説**

解　答

施工要領図の適切でない部分の改善策	
(3)	単式伸縮管継手の右側を、伸縮用ガイドで支持する。
(4)	耐震ストッパーと機器架台との接点に、ゴムパッドを挿入する。
(5)	通気立て管は、最下端の排水横枝管よりも下の位置で、排水立て管に接続する。

2 空気調和設備応用能力　問題・解答例

空冷ヒートポンプマルチパッケージ形空気調和機	
2-1	(1) 冷媒管の施工時留意事項　(2) 冷媒管の吊り又は支持の留意事項 (3) 冷媒管の試験の留意事項　(4) マルチパッケージ空調設備試運転の留意事項

問題2　空冷ヒートポンプマルチパッケージ形空気調和機

空冷ヒートポンプマルチパッケージ形空気調和機の冷媒管の施工及び試運転調整を行う場合の留意事項を解答欄に具体的かつ簡潔に記述しなさい。ただし、冷媒管の接続は、ろう付け又はフランジ継手とする。**記述する留意事項は、次の(1)～(4)とし、**工程管理及び安全管理に関する事項は除く。

(1)　冷媒管（断熱材被覆銅管）を施工する場合の留意事項（吊り又は支持に関するものを除く。）
(2)　冷媒管（断熱材被覆銅管）の吊り又は支持に関する留意事項
(3)　冷媒管の試験に関する留意事項
(4)　マルチパッケージ形空気調和機の試運転調整における留意事項

問題2　空冷ヒートポンプマルチパッケージ形空気調和機　解答・解説

解答例

(1)	冷媒管（断熱材被覆銅管）の切断は、金鋸盤または電動鋸盤を用いて、管軸に対して直角に行う。その際には、管の断面が変形しないように注意する。
(2)	断熱粘着テープの重ね巻きを、二層巻き以上として行うことで、吊り支持金具の断熱材に冷媒管が食い込まないようにする。
(3)	冷媒管の気密試験では、段階的に加圧を行うようにする。その際には、接合部に石鹸水を塗布するなどの方法で、ガス漏れ箇所を確認できるようにする。
(4)	室外機に、異常な騒音・振動がなく、圧縮機の発停頻度が適切であることを確認する。室内機に、異常な騒音・振動がなく、その周囲に結露していないことを確認する。

中央式の空気調和設備の施工	
2-2	(1) 冷凍機配管の運転・保守管理の留意点 (2) 冷凍機配管の運転・保守管理の留意点 (3) 冷温水配管の吊り支持熱伸縮の留意点 (4) 冷温水配管の勾配又は空気抜きの留意点

問題2　中央式の空気調和設備の施工

中央式の空気調和設備を施工する場合の留意事項を解答欄に具体的かつ簡潔に記述しなさい。**記述する留意事項は、次の(1)～(4)とし、**工程管理及び安全管理に関する事項は除く。

(1)　冷凍機まわりの配管施工に関し、運転又は保守管理の観点から留意する事項
(2)　冷温水配管の施工に関し、管の熱伸縮の観点から留意する事項（吊り又は支持に関するものを除く。）
(3)　冷温水配管の吊り又は支持に関し、管の熱伸縮の観点から留意する事項
(4)　冷温水配管の勾配又は空気抜きに関し留意する事項

問題2　中央式の空気調和設備の施工　解答・解説

解答例

(1)	冷凍機とその周囲の配管は、運転時における冷凍機の振動が配管に伝わらないようにするため、防振継手を用いて接合する。
(2)	熱による冷温水配管の伸縮に対応できるようにするため、長い直管部には伸縮管継手を設ける。
(3)	横引きした冷温水配管の吊りボルトが短い場合には、管の熱伸縮による曲げ応力が吊りボルトに作用しないよう、継ぎ足しフックや鎖などで吊り支持する。
(4)	空気だまりの発生を防止するため、横走り配管に勾配を付けてその上部に空気抜き弁を設けるか、横走り配管を膨張タンクに向かって上り勾配とする。

厨房排気用長方形ダクトの製作・施工	
2-3	(1) ダクトのコーナー部の継目　(2) ダクト漏気対策 (3) ダクト振れ止め　(4) 防火区画貫通

問題2　厨房排気用長方形ダクトの製作・施工

厨房排気用長方形ダクトを製作並びに施工する場合の留意事項を、４つ解答欄に具体的かつ簡潔に記述しなさい。ただし、工程管理及び安全管理に関する事項は除く。

問題2　厨房排気用長方形ダクトの製作・施工　**解答・解説**

解答例

厨房排気用長方形ダクトの製作における留意事項は、ダクトからの漏気防止・長方形ダクトのアスペクト比・アングルフランジ工法による施工などの観点から記述する。厨房排気用長方形ダクトの施工における留意事項は、ダクトの吊り間隔・ダクトの支持間隔・防火ダンパーの防火区画貫通などの観点から記述する。

視点	No.	厨房排気用長方形ダクトを製作並びに施工する場合の留意事項
製作	①	ダクトのコーナー部の継目は、原則として２箇所以上とする。
	②	フランジ継手のコーナー部は、漏気を防ぐため、シール材でシールする。
施工	③	横走りダクトの振止めとなる形鋼は、12m以下の間隔で設ける。
	④	ダクトが防火区画を貫通する部分では、その隙間を不燃材で充填する。

直だき吸収冷温水機の据付け・単体試運転	
2 - 4	(1) コンクリート基礎　(2) 作業空間　(3) 断水保護制御 (4) 冷温水出入口温度調節

問題 2　**直だき吸収冷温水機の据付け・単体試運転調整**

直だきの吸収冷温水機について、据付けにおける施工上の留意事項、単体試運転調整における確認・調整事項のうちから、4つ解答欄に具体的かつ簡潔に記述しなさい。

ただし、搬入、工程管理及び安全管理に関する事項は除く。

問題 2　**直だき吸収冷温水機の据付け・単体試運転調整**　**解答・解説**

解答例

直だき吸収冷温水機の据付けにおける施工上の留意事項は、据付け基礎・据付け位置などの視点から記述する。直だき吸収冷温水機の単体試運転調整における確認・調整事項は、各機器・各性能に関する作動確認などの視点から記述する。

視点	No.	据付けにおける施工上の留意事項／単体試運転調整における確認・調整事項
据付け基礎	①	コンクリート基礎は、コンクリート打込み後、適切な養生を行い、打込み後10日以内に荷重をかけないようにする。
据付け位置	②	冷温水凝縮器の伝熱管の引出し用として、左右いずれかの方向に有効な作業空間を確保する。
単体試運転	③	冷却水や冷水が減少したときに、断水保護制御機能が作動することを確認する。
	④	容量制御装置の再生器に入る吸収溶液量と冷媒量とを比例制御し、冷温水出入口における水の温度を調整する。

マルチパッケージ形空気調和機の冷媒配管の施工	
2－5	(1) 冷媒管曲げ加工　(2) 防火区画貫通冷媒配管　(3) 冷媒管の支持　(4) 保温材の継目位置

問題 2　マルチパッケージ形空気調和機の冷媒配管を施工するときの留意事項

マルチパッケージ形空気調和機における冷媒配管の施工上の留意事項を、4つ解答欄に具体的かつ簡潔に記述しなさい。

ただし、工程管理及び安全管理に関する事項は除く。

問題 2　マルチパッケージ形空気調和機の冷媒配管を施工するときの留意事項　解答・解説

解答例

冷媒配管を施工するときの留意事項は、①加工・②貫通・③支持・④接合などの視点から記述する。

視点	No.	冷媒配管の施工上の留意事項
加工	①	曲げ加工は、専用工具を用いて行う。銅管の曲げ半径は、管径の4倍以上とする。
貫通	②	防火区画の床や壁を貫通する冷媒配管は、円形金具内に熱膨張性耐熱シール材を詰め、そこに断熱材被覆銅管や制御ケーブルを通すようにする。
支持	③	配管は、支持金具と、保護プレートまたは断熱粘着テープを用いて吊り下げる。
接合	④	保温材相互の継目の間隙は、できる限り少なくなるようにする。保温材相互の継目位置は、一直線上に並ばないようずらして取り付ける。

多翼送風機を据え付ける場合の留意事項	
2-6	(1) 作業空間　(2) 送風機とモーターの芯出し　(3) アンカーボルトの施工 (4) 騒音・振動対策

問題 2	多翼送風機を据え付ける場合の留意事項

事務所ビルの屋上機械室に、呼び番号 4 の片吸込み**多翼送風機を据え付ける場合の留意事項を、4 つ**解答欄に具体的かつ簡潔に記述しなさい。

ただし、コンクリート基礎、工程管理及び安全管理に関する事項は除く。

問題 2	多翼送風機を据え付ける場合の留意事項	解答・解説

解答例

視点	No.	留意事項
据付け位置	①	ダクト施工用スペース・保守点検用スペース・羽根車や軸受けの交換用スペースなどを確保できる位置に据え付ける。
	②	送風機やモーターにおけるプーリーの芯出しは、定規と水糸を用いて正確に行う。その後、軸受けの位置を調整し、軸間距離を確定させる。
据付け組立	③	送風機の水平度はシャフトが基準なので、送風機は、レベルにより水平であることを確認してからアンカーボルトで固定する。
	④	騒音・振動が問題となる場合、架台と基礎との間に防振ゴム・防振バネを取り付ける。

3 給排水設備応用能力　問題・解答例

汚物用水中モーターポンプ・ポンプ吐出し管	
3-1	(1) 汚物用ポンプ据付け位置　(2) 水中ポンプ据付けの留意事項 (3) ポンプ吐出し管の施工の留意事項　(4) 水中ポンプの試運転調整

問題3　汚物用水中モーターポンプ・ポンプ吐出し管

汚物用水中モーターポンプ及びポンプ吐出し管の施工及び試運転調整を行う場合の留意事項を解答欄に具体的かつ簡潔に記述しなさい。**記述する留意事項は、次の(1)～(4)とし、工程管理及び安全管理に関する事項は除く。**

(1)　**水中モーターポンプを排水槽内に据え付ける場合の設置位置に関する留意事項**
(2)　**水中モーターポンプを排水槽内に据え付ける場合の留意事項（設置位置に関するものを除く。）**
(3)　**ポンプ吐出し管（排水槽内～屋外）を施工する場合の留意事項**
(4)　**水中モーターポンプの試運転調整における留意事項**

問題3　汚物用水中モーターポンプ・ポンプ吐出し管　**解答・解説**

解答例

(1)	水中モーターポンプは、水槽内に流れを生み出して沈殿物を少なくするため、汚水流入管から離れた位置に、ピットを設けて据え付ける。
(2)	水中モーターポンプは、現場にて軸心の狂いがないことを確認し、カップリング外周の段違いや面間の誤差がないようにする。
(3)	ポンプ吐出し管には、排水槽内から屋外に向かって、防振継手➡逆止め弁➡仕切弁を、この順番で取り付ける。
(4)	満水警報で２台の水中モーターポンプが駆動して排水することを確認する。

中央式の強制循環式給湯設備の施工	
3-2	(1) 作業空間の確保　(2) 配管の熱伸縮 (3) 給湯管の吊り又は支持の熱伸縮　(4) 配管勾配・空気抜き

問題 3	中央式の強制循環式給湯設備の施工

中央式の強制循環式給湯設備を施工する場合の留意事項を解答欄に具体的かつ簡潔に記述しなさい。**記述する留意事項は、次の(1)～(4)とし、**工程管理及び安全管理に関する事項は除く。

(1) 貯湯槽の配置に関し、保守管理の観点から留意する事項
(2) 給湯配管の施工に関し、管の熱伸縮の観点から留意する事項（吊り又は支持に関するものを除く。）
(3) 給湯配管の吊り又は支持に関し、管の熱伸縮の観点から留意する事項
(4) 給湯配管の勾配又は空気抜きに関し留意する事項

問題 3	中央式の強制循環式給湯設備の施工	解答・解説

解答例

(1)	貯湯槽の周囲に、保守管理のための空間を設けるため、貯湯槽と壁面との水平距離は450mm以上とする。
(2)	熱による給湯配管の伸縮に対応できるようにするため、長い直管部には伸縮管継手を設ける。
(3)	横引きした給湯配管の吊りボルトが短い場合には、管の熱伸縮による曲げ応力が吊りボルトに作用しないよう、継ぎ足しフックや鎖などで吊り支持する。
(4)	下向き循環方式の場合は、給湯管・返湯管ともに先下り勾配とする。上向き循環方式の場合は、給湯管は先上り勾配とし、返湯管は先下り勾配とする。

給水ポンプユニットの製作図の審査事項	
3-3	(1) 材料照合　(2) ポンプ接合部配管勾配　(3) 配管機器取付け順序 (4) 防振基礎措置

問題3　給水ポンプユニットの製作図の審査

給水ポンプユニットの製作図を審査する場合の留意事項を、４つ解答欄に具体的かつ簡潔に記述しなさい。

問題3　給水ポンプユニットの製作図の審査　**解答・解説**

解答例

給水ポンプユニットの主な審査項目は、配管・ポンプ・接続・固定・取付け機器・基礎・排水装置である。この７つの審査項目のうち、４つの審査項目を視点とし、それぞれの審査項目における留意事項を記述する。

視点	No.	給水ポンプユニットの製作図を審査する場合の留意事項
配管	①	配管の材質・口径・長さ・厚さなどの各寸法について、仕様書に基づいて作成したチェックリストと照合する。
接続	②	吸水する側において、吸水管とポンプ接合部との配管勾配が適切であり、施工が困難でないことを確認する。
取付け機器	③	ポンプの吐出側において、ポンプに近い側から、防振継手→逆止弁（CV）→仕切弁（GV）の順で、機器が取り付けられていることを確認する。
基礎	④	ポンプの基礎に防振措置が施されており、基礎が安定していることを確認する。

高置タンク方式の揚水用渦巻ポンプの単体試運転	
3-4	(1) ポンプとモーターの水平度　(2) ポンプの回転確認 (3) ポンプの発停確認　(4) ウォーターハンマー確認

問題3　高置タンク方式の揚水用渦巻ポンプの単体試運転調整

高置タンク方式の給水設備について、揚水用渦巻ポンプの単体試運転調整における確認・調整事項を、４つ解答欄に具体的かつ簡潔に記述しなさい。
ただし、工程管理及び安全管理に関する事項は除く。

問題3　高置タンク方式の揚水用渦巻ポンプの単体試運転調整　**解答・解説**

解答例

揚水用渦巻ポンプの単体試運転調整における確認事項・調整事項は、ポンプの機能と・ポンプの性能などの視点から記述する。

視点	No.	高置タンク方式の渦巻ポンプの単体試運転調整における確認・調整事項
ポンプの機能	①	カップリングの水平度を確認する。
	②	ポンプを手で回して、回転が円滑であるかどうかを確認する。
ポンプの性能	③	高置水槽電極の信号により、ポンプが正常に発停することを確認する。
	④	ポンプ停止時に、ウォーターハンマー現象が生じないことを確認する。

飲料用の高置タンクを据え付けるときの施工上の留意事項	
3-5	(1) 基礎の高さ　(2) タンクと天井の離隔距離　(3) 逆流防止対策 (4) 配管の支持

問題3	飲料用の高置タンクを据え付けるときの施工上の留意事項
飲料用の高置タンクを据え付ける場合の施工上の留意事項を、4つ解答欄に具体的かつ簡潔に記述しなさい。ただし、搬入、工程管理及び安全管理に関する事項は除く。	

問題3 飲料用の高置タンクを据え付けるときの施工上の留意事項 **解答・解説**

解答例

高置タンクを据え付けるときの留意事項は、①据付け基礎・②据付け位置・③据付け組立の視点から記述する。

視点	No.	高置タンクの据付けにおける施工上の留意事項
据付け基礎	①	高置タンクの下部に、600mm以上の高さの作業空間を確保できるよう、架台を除いた基礎コンクリートの高さは、500mm以上とする。
据付け位置	②	高置タンクの上面から天井までの距離は1m以上、下面から床までの距離は60cm以上、側面から壁までの距離は60cm以上とする。
	③	高置タンクの吐水口空間を確保し、逆サイホンを防止できるようにする。
据付け組立	④	高置タンク回りでは、配管の重量が高置タンクに直接かからないよう、配管を床で支持する。

強制循環式給湯設備の給湯管を施工する場合の留意事項	
3-6	(1) 配管勾配　(2) 異形接合　(3) 配管の支持　(4) 水圧試験

問題3　強制循環式給湯設備の給湯管を施工する場合の留意事項

強制循環式給湯設備の給湯管を施工する場合の留意事項を、4つ解答欄に具体的かつ簡潔に記述しなさい。

ただし、管材の選定、保温、工程管理及び安全管理に関する事項は除く。

問題3　強制循環式給湯設備の給湯管を施工する場合の留意事項　**解答・解説**

解答例

強制循環式給湯設備の給湯管を施工するときの留意事項は、①配管方式・②配管接合・③配管支持・④配管テストの視点から記述する。

視点	No.	強制循環式給湯設備の給湯管を施工するときの留意事項
配管方式	①	上向式・下向式の分類を仕様書で確認し、所定の勾配で配管する。
配管接合	②	管径が異なる配管を接合するときは、レジューサーを使用する。
配管支持	③	配管は、その荷重がボイラーやポンプに直接かからないよう、スラブなどから支持する。
配管テスト	④	水圧試験における試験圧力は、1.75MPaとする。埋戻して隠ぺいする前に、この試験圧力を60分間保持する。※

※給水装置の構造及び材質の基準に関する省令に基づき、1.75MPaを1分間作用させることが慣用上行われている。

給排水設備

4 ネットワーク計算応用能力　問題・解答例

4-1
設問1　最早開始時刻
設問2　最遅開始時刻
設問3　最早山積み図
設問4　最遅山積み図
設問5　山崩し最小作業員数

問題4　ネットワーク工程表の山積みと山崩し

下図に示すネットワーク工程表において、次の 設問1 ～ 設問5 の答えを解答欄に記述しなさい。

ただし、図中のイベント間のA～Jは作業内容、 ○日 は作業日数、（○人）は作業員数を表す。

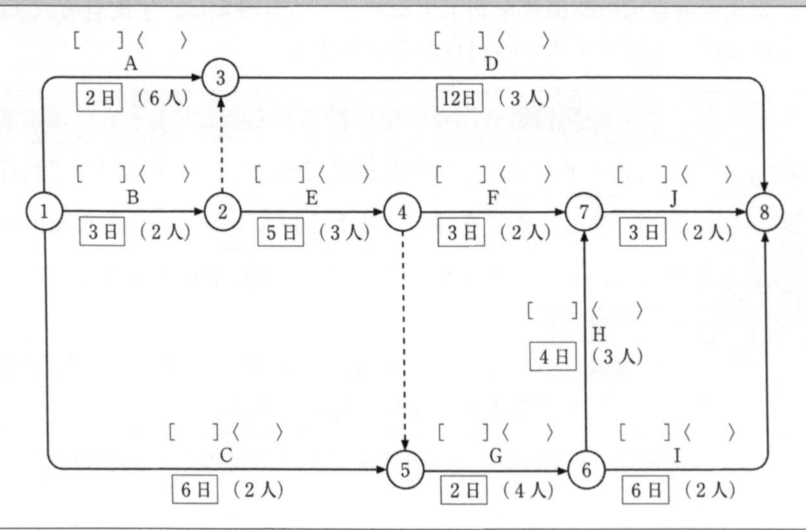

設問1	作業内容A～Jの左上の[ ]内に最早開始時刻（EST）を記入しなさい。
設問2	作業内容A～Jの右上の〈 〉内に最遅開始時刻（LST）を記入しなさい。
設問3	最早開始時刻（EST）による山積み図を完成させなさい。
設問4	最遅開始時刻（LST）による山積み図を完成させなさい。
設問5	下記の条件で山崩しを行い、山崩し後において作業員数の合計が最も多くなる作業日の作業員数を記入しなさい。 （条件）①山崩しは、山崩し後において作業員数の合計が最も多くなる作業日の作業員数が最少となるように行う。 ②A～Jの作業員数は、増減しないこととする。 ③各作業とも作業を開始した後は、当該作業完了まで作業を中断する日を挟まないこととする。

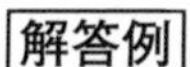

解答例

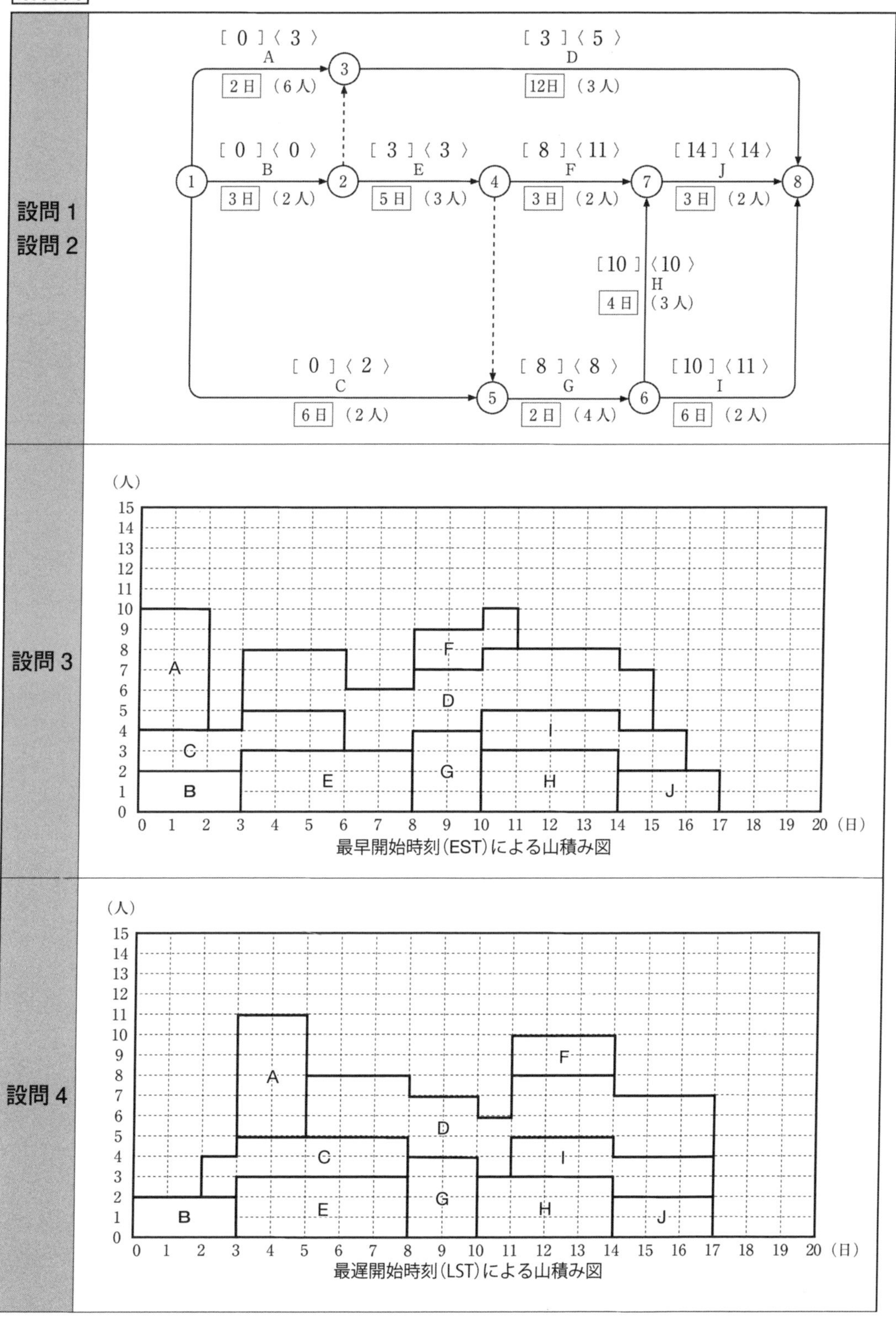

設問 1
設問 2
[0]〈 3 〉
A
2日 (6人)
[3]〈 5 〉
D
12日 (3人)
[0]〈 0 〉
B
3日 (2人)
[3]〈 3 〉
E
5日 (3人)
[8]〈 11 〉
F
3日 (2人)
[14]〈 14 〉
J
3日 (2人)
[10]〈 10 〉
H
4日 (3人)
[0]〈 2 〉
C
6日 (2人)
[8]〈 8 〉
G
2日 (4人)
[10]〈 11 〉
I
6日 (2人)
設問 3
(人)
(日)
最早開始時刻(EST)による山積み図
設問 4
(人)
(日)
最遅開始時刻(LST)による山積み図

ネットワーク計算

設問 5

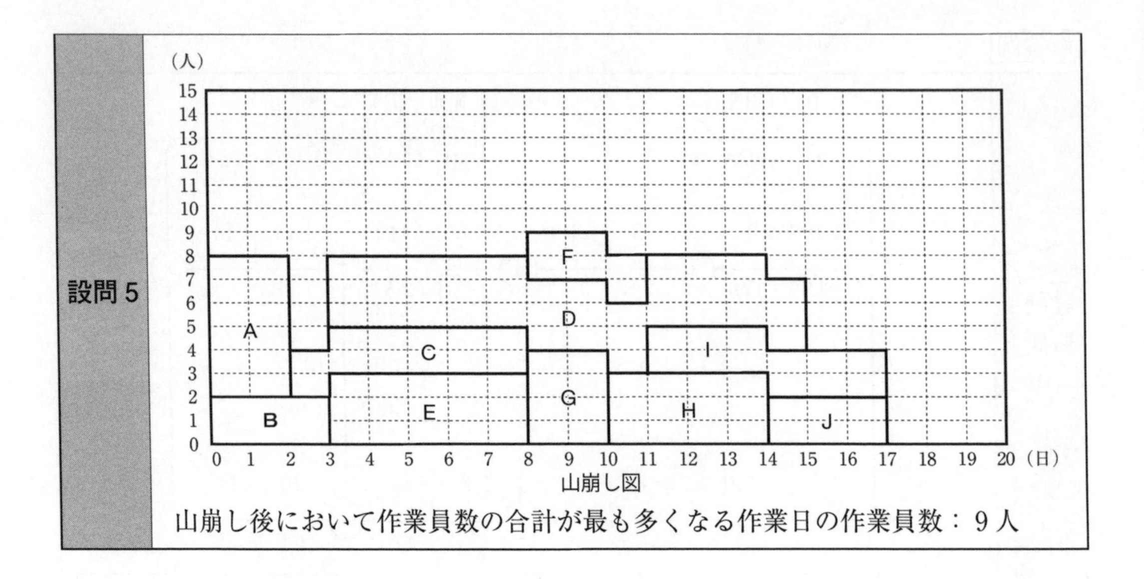

山崩し図

山崩し後において作業員数の合計が最も多くなる作業日の作業員数：9人

4-2　**設問1** クリティカルパス　**設問2** 最早開始時刻の計算
設問3 作業日数後の工期の遅延日数　**設問4** 山積図の作成目的
設問5 山積み図作成

問題4　ネットワーク工程表のフォローアップとクリティカルパス

下図に示すネットワーク工程表において、次の **設問1** ～ **設問5** の答えを解答欄に記述しなさい。

ただし、図中のイベント間のA～Iは作業内容、 ○日 は作業日数、(○人) は作業員数、イベント右上の[　]内の数値は最早開始時刻（EST）を表す

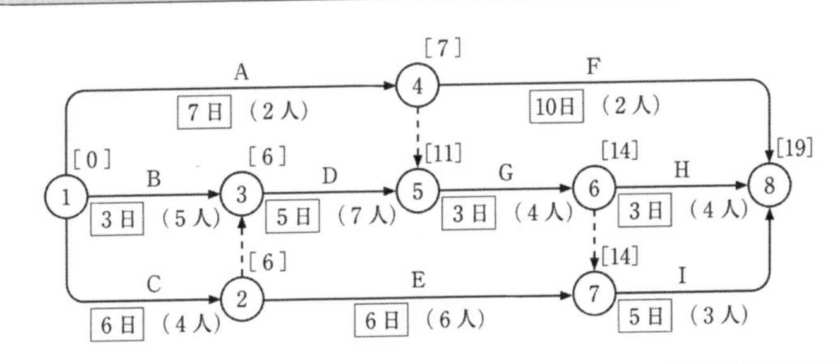

設問1 クリティカルパスをイベント番号と矢印で記入しなさい。ただし、ダミーは破線矢印とする。

設問2 工事の作業日数を再確認したところ、作業Aで3日、作業Bで2日、作業Eで4日作業日数が増え、その他の作業は予定どおりの作業日数となることが判明した。
フォローアップを行い、ネットワーク工程表にフォローアップ後の最早開始時刻を記入しなさい。

設問3 フォローアップ後のクリティカルパスの作業日数は、当初のクリティカルパスの作業日数から何日増えるか記入しなさい。

設問4 山積み図を作成する目的を記述しなさい。

設問5 フォローアップ後のネットワーク工程表に基づき、最早開始時刻（EST）による山積み図を完成させなさい。

解答例

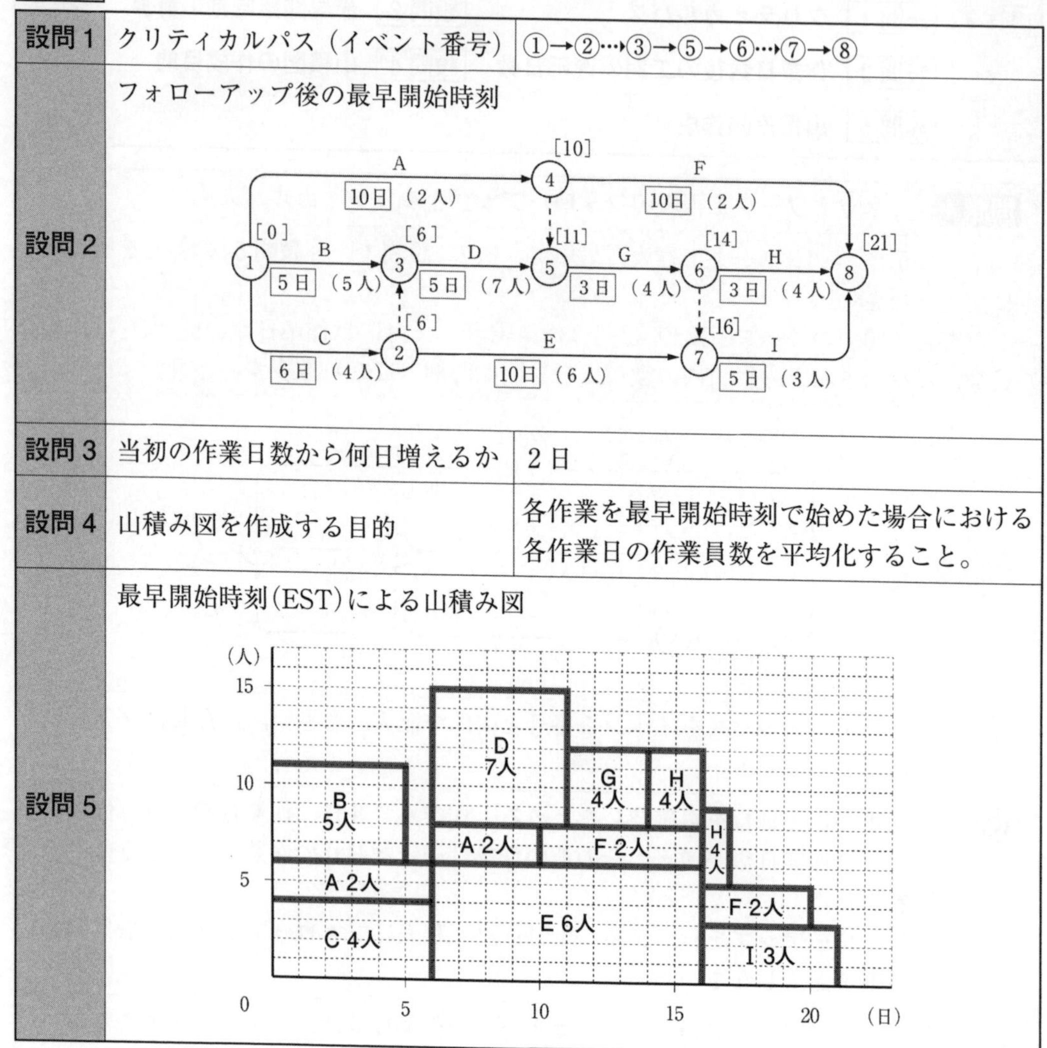

設問1	クリティカルパス（イベント番号）	①→②⋯→③→⑤→⑥⋯→⑦→⑧
設問2	フォローアップ後の最早開始時刻	
設問3	当初の作業日数から何日増えるか	2日
設問4	山積み図を作成する目的	各作業を最早開始時刻で始めた場合における各作業日の作業員数を平均化すること。
設問5	最早開始時刻(EST)による山積み図	

4-3	設問1 クリティカルパス	設問2 作業日数変更後の工期の遅延日数
	設問3 最早開始時刻	設問4 工期を満たすための日程短縮
	設問5 工期短縮の方法	

問題4 クリティカルパスと日程短縮

下図に示すネットワーク工程表において、次の 設問1 ～ 設問5 の答えを解答欄に記述しなさい。

ただし、図中のイベント間のA～Jは作業内容、日数は作業日数を表す。

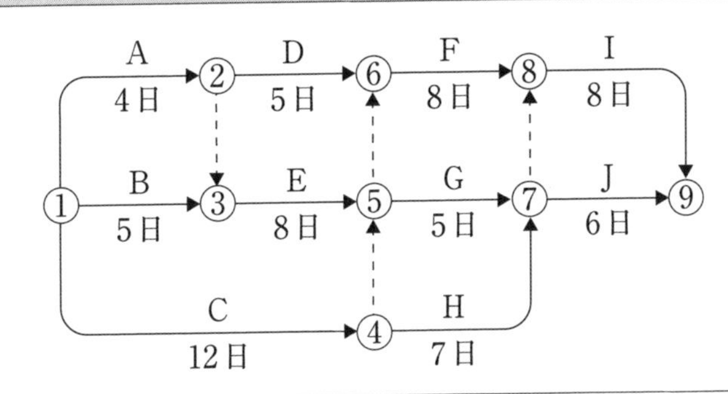

設問1 クリティカルパスを、作業名で示しなさい。

設問2 工事着手後８日目に進行状況をチェックしたところ、作業Aが１日、作業Bが１日、作業Cは３日遅れていた。また、作業Gは更に２日必要なことが判明した。その他の作業の所要日数に変更はないものとして、当初の工期より工期は何日延長になるか示しなさい。

設問3 設問2 で進行状況をチェックした時点（８日目）のイベント⑧の最早開始時刻（EST）は何日か。

設問4 設問2 で進行状況をチェックした時点（８日目）において、工事着手後30日の工期で完成させるためには、どの作業を何日短縮すればよいか。

ただし、現在施工中の作業は短縮できないものとする。また、短縮できる作業日数は、当初作業日数の２割以内でかつ整数とし、短縮する作業の数は最少とする。

設問5 工程計画に遅れが生じたときに、遅れを取り戻すために行う工程管理上の方法を２つ記述しなさい。

解答例

設問1	クリティカルパス（作業名）	B→E→F→I
設問2	工期は何日延長になるか	２日
設問3	イベント⑧の最早開始時刻	23日
設問4	どの作業を何日短縮すればよいか	作業Fを１日短縮するか、作業Iを１日短縮する。
設問5	遅れを取り戻すために行う工程管理上の方法	順番に行う予定の作業を、並行作業に変更する。
		現場加工を、ユニット製品の組立てに変更する。

ネットワーク計算

4-4	設問1 クリティカルパス	設問2 ネットワーク工程表の変更
	設問3 変更後の最早開始時刻	設問4 変更後の工期
	設問5 日程短縮	

問題4 クリティカルパス・ネットワークの変更

図－1に示すネットワーク工程表において、次の 設問1 ～ 設問5 の答えを解答欄に記述しなさい。

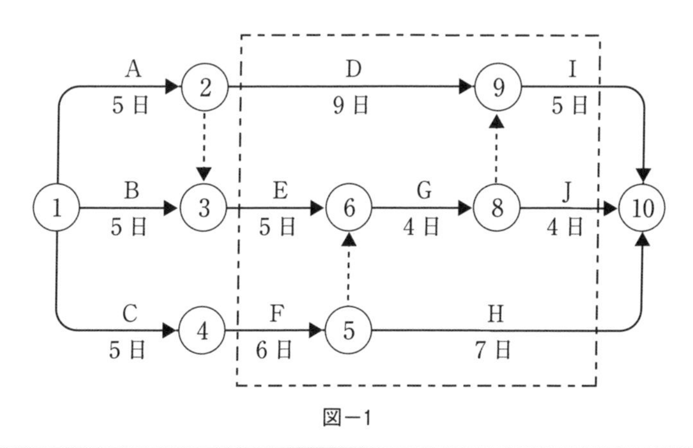

図－1

設問1 クリティカルパスを作業名で示しなさい。

設問2 次の（1）及び（2）の事実が作業開始後に判明し、図－1のネットワーク工程表の一点鎖線で囲んだ部分の変更が必要となった。図－2の変更後のネットワーク工程表を完成させなさい。

(1) 作業Dを前期と後期に分割する必要が生じ、前期の作業D_1は3日、後期の作業D_2は6日となった。また、後期の作業D_2は、イベント⑥の後でなければ開始できないこととなった。この際、作業D_1と作業D_2の間のイベントを⑦とする。

(2) 作業Gが5日となった。

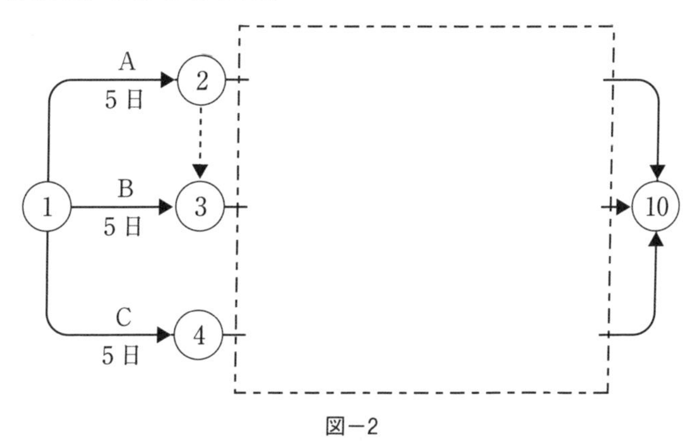

図－2

設問3	変更後のイベント⑨の最早開始時刻（EST）は何日か。
設問4	変更後の所要工期を示しなさい。
設問5	変更後の工期を従来の工期で完了させるためには、どの作業を何日短縮すればよいか。ただし、短縮できる作業は、開始５日目以降からの作業とし、設問2に示す開始後に変更した作業（D_1、D_2及びG）は再変更できない。また、短縮できる作業日数は、当初作業日数の２割以内でかつ整数とし、短縮する作業の数は最少とする。

解答例

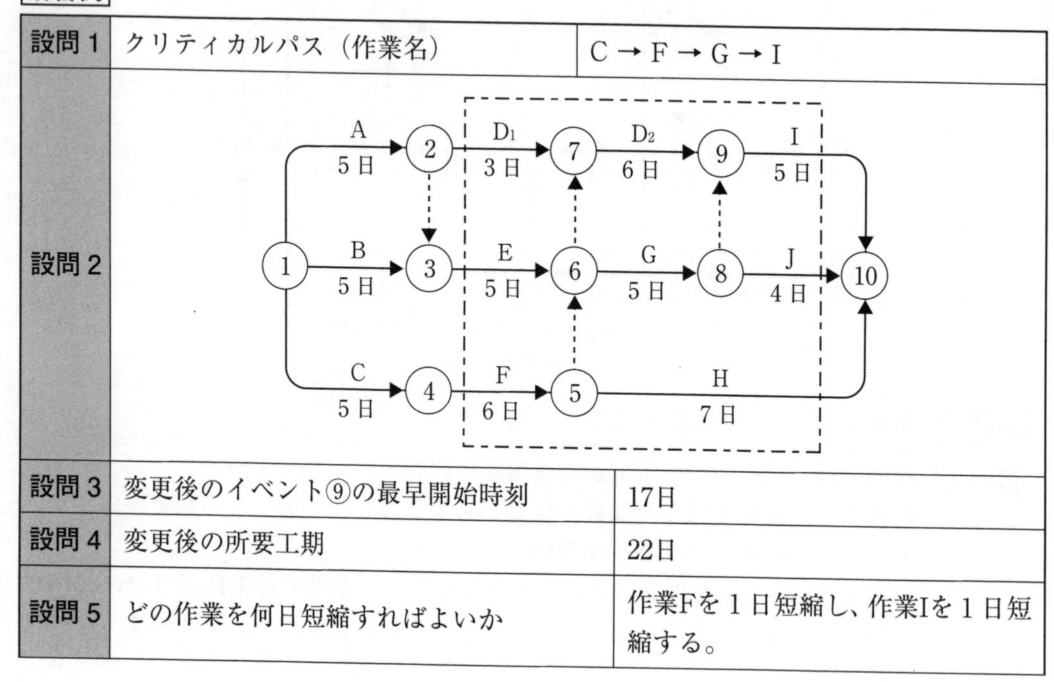

設問	項目	解答
設問1	クリティカルパス（作業名）	C→F→G→I
設問2	（下図）	
設問3	変更後のイベント⑨の最早開始時刻	17日
設問4	変更後の所要工期	22日
設問5	どの作業を何日短縮すればよいか	作業Fを１日短縮し、作業Iを１日短縮する。

4-5	設問1 クリティカルパスと工期　設問2 タイムスケール表示 設問3 フローの名称を示す　設問4 作業日数変更後の工期 設問5 タイムスケール表示式の利点

問題4 クリティカルパス・タイムスケール

図－1に示すネットワーク工程表において、次の 設問1 ～ 設問5 の答えを解答欄に記入しなさい。

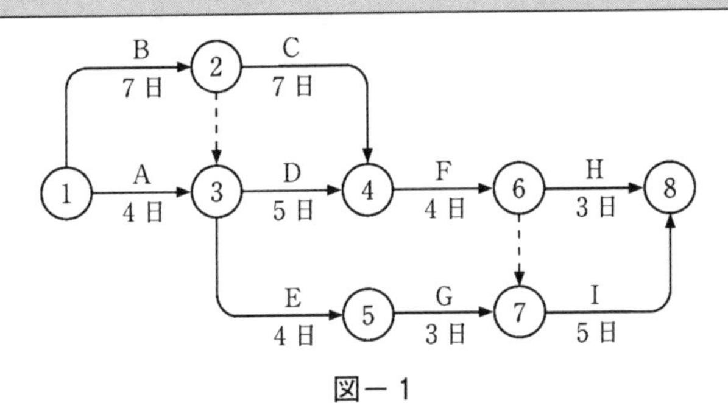

図－1

設問1 クリティカルパスと所要工期を示しなさい。

設問2 図－1に示したネットワーク工程表をもとに、最早計画（すべての作業を、最早開始時刻で開始して最早完了時刻で終了する。）でのタイムスケール表示形式の工程表を、図－2を参考に完成させなさい。
この際、矢線は作業日を実線、非作業日を波線で明確に区分して示しなさい。

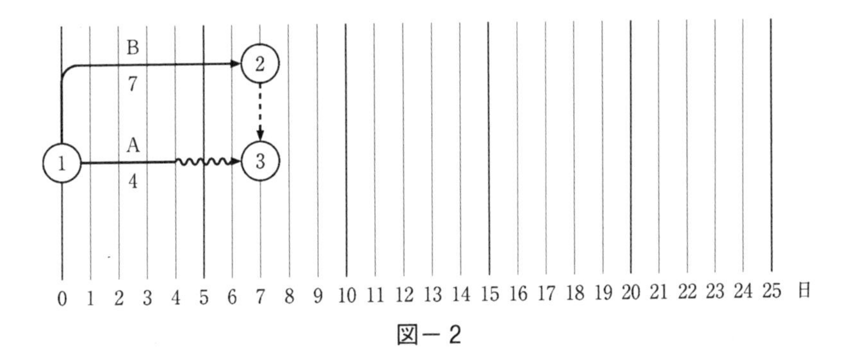

図－2

設問3 最早計画とした、図－2の作業Aにおける矢線の右側に表われる波線部分のフロートの名称を記述しなさい。

設問4 作業開始後に工程を検討したところ、作業Fにさらに2日必要なことが判明した。その他の作業は予定どおり進行する場合、フォローアップ後の所要工期を示しなさい。

設問5 タイムスケール表示形式のネットワーク工程表の工程管理上の利点を記述しなさい。

解答例

設問	項目	解答
設問 1	クリティカルパス	B→C→F→I　または　①→②→④→⑥…→⑦→⑧
	所要工期	23日
設問 2	タイムスケール表示 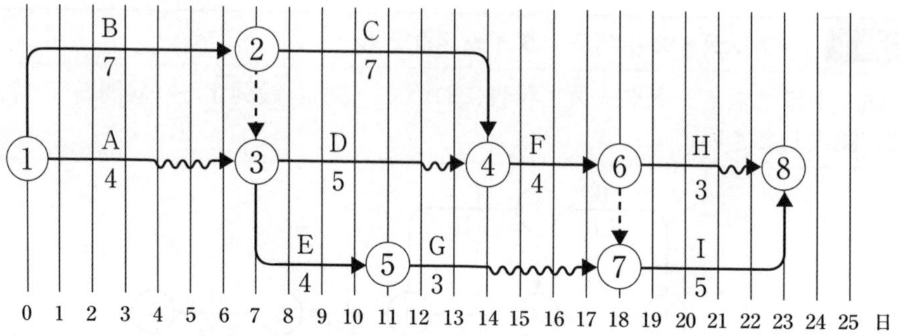	
設問 3	作業Aのフロートの名称	フリーフロート
設問 4	作業Fが2日延びた時の工期	25日
設問 5	タイムスケールの利点	各作業の相互関係やフロートが目視で分かるようになるため、作業管理が容易になる。

4-6	設問1 クリティカルパス	設問2 最早開始時刻
	設問3 最遅完了時刻	設問4 最早開始・最遅完了時刻計算の目的
	設問5 山積み図（最早）	

問題4 クリティカルパス・山積み図

図に示すネットワーク工程表において、設問1～設問5の答えを解答欄に記入しなさい。

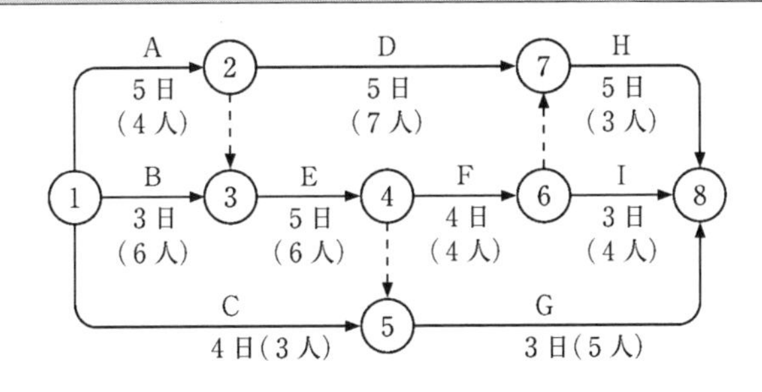

設問1 クリティカルパスを、作業名で記入しなさい。

設問2 イベント⑤の最早開始時刻（EST）は何日か。

設問3 イベント⑤の最遅完了時刻（LFT）は何日か。

設問4 各イベントにおける最早開始時刻（EST）と最遅完了時刻（LFT）を計算することは、工程管理上、どのような目的があるか記述しなさい。

設問5 最早開始時刻（EST）による山積み図を完成させなさい。

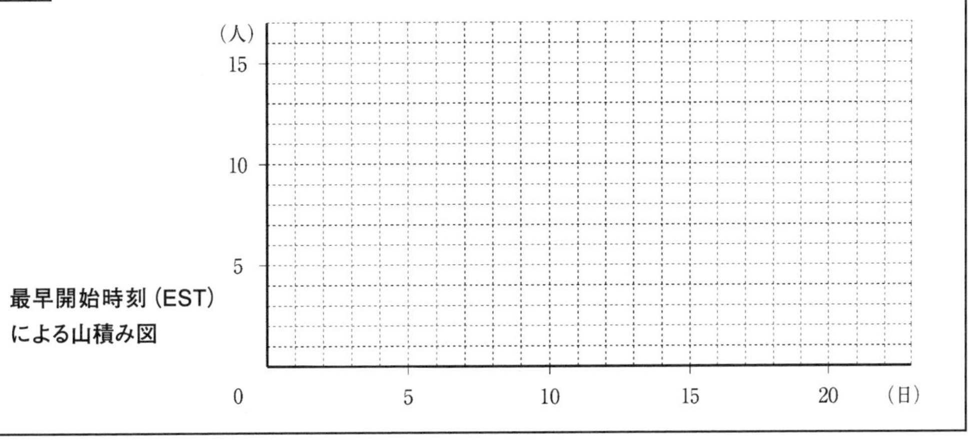

解答例

設問1	クリティカルパス（作業名）	A → E → F → H
設問2	イベント⑤の最早開始時刻	10日
設問3	イベント⑤の最遅完了時刻	16日
設問4	最早開始時刻の計算目的	機材・労働力の調達計画のため。
	最遅完了時刻の計算目的	工程の時間管理のため。
設問5	山積み図 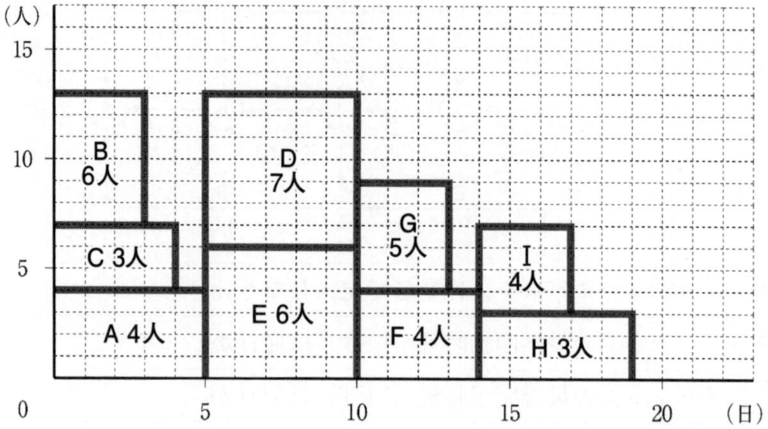 （人） 15 10 5 0 B 6人 D 7人 G 5人 C 3人 I 4人 E 6人 A 4人 F 4人 H 3人 5 10 15 20 （日）	

［著　者］ 森 野 安 信

［編　者］ GET研究所

著者略歴

1963年　京都大学卒業

1965年　東京都入職

1991年　建設省中央建設業審議会専門委員

1994年　文部省社会教育審議会委員

1998年　東京都退職

1999年　GET研究所所長

令和３年度　新出題分野　問題解説集
１級管工事施工管理技術検定試験
第一次検定　基礎能力
第二次検定　管理知識

2021年４月30日　発行

発行者・編者　森　野　安　信
GET 研究所
東京都豊島区西池袋３－１－７
藤和シティホームズ池袋駅前 1402
http://www.get-ken.jp/
株式会社　建設総合資格研究社

編集・本文デザイン　有限会社ハピネス情報処理サービス

発売所　丸善出版株式会社
東京都千代田区神田神保町２丁目17番
TEL 03－3512－3256
FAX 03－3512－3270
http://www.maruzen-publishing.co.jp/

印刷・製本　株式会社オーディーピーセンター

ISBN978-4-909257-86-4 C3051

●内容に関するご質問は、弊社ホームページのお問い合わせ（https://get-ken.jp/contact/）から受け付けております。（質問は本書の紹介内容に限ります。）